图书+光盘+手机
三合一
多媒体学习方式

HTML 5 网页设计与制作

实战 从入门到精通

龙马工作室 编著

U0311213

人民邮电出版社

北京

图书在版编目（CIP）数据

HTML 5网页设计与制作实战从入门到精通 / 龙马工
作室编著. -- 北京：人民邮电出版社，2014.10（2020.3 重印）
ISBN 978-7-115-36575-0

Ⅰ. ①H… Ⅱ. ①龙… Ⅲ. ①超文本标记语言—程序
设计 Ⅳ. ①TP312

中国版本图书馆CIP数据核字(2014)第181936号

内 容 提 要

本书通过精选案例引导读者深入学习，系统地介绍了利用 HTML 5 进行网页设计与制作的相关知
识和操作方法。

全书共 16 章。第 1～3 章主要介绍 HTML 5 的基础知识，包括基本概念、语法变化和基本语法等；
第 4～10 章主要介绍常用的网页设计，包括文本、色彩和图片、列表与段落、超链接、多媒体、Canvas
动画和表单等；第 11～12 章主要介绍 HTML 5 的高级应用，包括本地存储和离线 Web 应用等；第 13～
16 章通过实战案例进一步讲解了基础知识的综合应用方法，包括休闲娱乐、企业门户、电子商务、团
购等多种类型网页的设计与制作方法。

在本书附赠的 DVD 多媒体教学光盘中，包含了 17 小时与图书内容同步的教学录像及所有实例的
配套源文件。此外，还赠送了大量相关学习内容的教学录像及扩展学习电子书等。为了满足读者在手
机和平板电脑上学习的需要，光盘中还赠送了本书教学录像的手机版视频学习文件。

本书不仅适合 HTML 5 的初、中级读者学习使用，也可以作为各类院校相关专业学生和网页制作
培训班的教材或辅导用书。

◆ 编　　著　龙马工作室

　　责任编辑　张　翼

　　责任印制　焦志炜

◆ 人民邮电出版社出版发行　　北京市丰台区成寿寺路 11 号
　　邮编　100164　　电子邮件　315@ptpress.com.cn
　　网址　http://www.ptpress.com.cn
　　涿州市京南印刷厂印刷

◆ 开本：787×1092　1/16

　　印张：18

　　字数：483 千字　　　　　　　　　2014 年 10 月第 1 版

　　印数：5 901 – 6 300 册　　　　　　2020 年 3 月河北第 11 次印刷

定价：39.80 元（附光盘）

读者服务热线：(010)81055410　印装质量热线：(010)81055316
反盗版热线：(010)81055315
广告经营许可证：京东工商广登字 20170147 号

随着社会信息化的不断普及，计算机已经成为人们工作、学习和日常生活中不可或缺的工具，而计算机的操作水平也成为衡量一个人综合素质的重要标准之一。为满足广大读者的实际应用需要，我们针对不同学习对象的接受能力，总结了多位计算机高手、国家重点学科教授及计算机教育专家的经验，精心编写了这套"实战从入门到精通"系列图书。

一、系列图书主要内容

本套图书涉及读者在日常工作和学习中各个常见的计算机应用领域，在介绍软硬件的基础知识及具体操作时，均以读者经常使用的版本为主，在必要的地方也兼顾了其他版本，以满足不同读者的需求。本套图书主要包括以下品种。

《跟我学电脑实战从入门到精通》	《Word 2003办公应用实战从入门到精通》
《电脑办公实战从入门到精通》	《Word 2010办公应用实战从入门到精通》
《笔记本电脑实战从入门到精通》	《Excel 2003办公应用实战从入门到精通》
《电脑组装与维护实战从入门到精通》	《Excel 2010办公应用实战从入门到精通》
《黑客攻击与防范实战从入门到精通》	《PowerPoint 2003办公应用实战从入门到精通》
《Windows 7实战从入门到精通》	《PowerPoint 2010办公应用实战从入门到精通》
《Windows 8实战从入门到精通》	《Office 2003办公应用实战从入门到精通》
《Photoshop CS5实战从入门到精通》	《Office 2010办公应用实战从入门到精通》
《Photoshop CS6实战从入门到精通》	《Word/Excel 2003办公应用实战从入门到精通》
《AutoCAD 2012实战从入门到精通》	《Word/Excel 2010办公应用实战从入门到精通》
《AutoCAD 2013实战从入门到精通》	《Word/Excel/PowerPoint 2003三合一办公应用实战从入门到精通》
《CSS+DIV网页样式布局实战从入门到精通》	《Word/Excel/PowerPoint 2007三合一办公应用实战从入门到精通》
《HTML 5网页设计与制作实战从入门到精通》	《Word/Excel/PowerPoint 2010三合一办公应用实战从入门到精通》

二、写作特色

从零开始，循序渐进

无论读者是否从事网页设计工作，是否接触过HTML 5，都能从本书中找到最佳的学习起点，循序渐进地完成学习过程。

紧贴实际，案例教学

全书内容均以实例为主线，在此基础上适当扩展知识点，真正实现学以致用。

紧凑排版，图文并茂

紧凑排版既美观大方又能够突出重点、难点。所有实例的每一步操作，均配有对应的插图和注释，以便读者在学习过程中能够直观、清晰地看到操作过程和效果，提高学习效率。

单双混排，超大容量

本书采用单、双栏混排的形式，大大扩充了信息容量，在约300页的篇幅中容纳了传统图书600多页的内容，从而在有限的篇幅中为读者奉送了更多的知识和实战案例。

独家秘技，扩展学习

本书在每章的最后，以"高手私房菜"的形式为读者提炼了各种高级操作技巧，而"举一反三"栏目更是为知识点的扩展应用提供了思路。

📄 书盘结合，互动教学

本书配套的多媒体教学光盘内容与书中知识紧密结合并互相补充。在多媒体光盘中，我们仿真工作、生活中的真实场景，通过互动教学帮助读者体验实际应用环境，从而全面理解知识点的运用方法。

三、光盘特点

◎ 17小时全程同步教学录像

光盘涵盖本书所有知识点的同步教学录像，详细讲解每个实战案例的操作过程及关键步骤，帮助读者更轻松地掌握书中所有的知识内容和操作技巧。

◎ 超多、超值资源

除了与图书内容同步的教学录像外，光盘中还赠送了大量相关学习内容的教学录像、扩展学习电子书及本书所有实例的配套源文件等，以方便读者扩展学习。为了满足读者在手机和平板电脑上学习的需要，光盘中还赠送了本书教学录像的手机版视频学习文件。

◎ 手机版教学录像

将手机版教学录像复制到手机或平板电脑后，即可在手机或平板电脑上随时随地跟着教学录像进行学习。

四、配套光盘运行方法

Windows XP操作系统

〔1〕 将光盘放入光驱中，几秒钟后光盘就会自动运行。

〔2〕 若光盘没有自动运行，可以双击桌面上的【我的电脑】图标，打开【我的电脑】窗口，然后双击【光盘】图标，或者在【光盘】图标上单击鼠标右键，在弹出的快捷菜单中选择【自动播放】选项，光盘就会运行。

Windows 8操作系统

〔1〕 将光盘放入光驱中，几秒钟后桌面右上角会弹出提示信息"点击选择要对 此光盘执行的操作"。

〔2〕 在提示信息位置单击，然后在弹出的【选择要对此光盘执行的操作。】界面中单击【打开文件夹以查看文件】链接以打开光盘文件夹，用鼠标右键单击光盘文件夹中的MyBook.exe文件，并在弹出的快捷菜单中选择【以管理员身份运行】菜单项，打开【用户账户控制】对话框，如右下图所示。单击【是】按钮，光盘即可自动播放。

〔3〕 再次使用本光盘时，将光盘放入光驱后，双击光驱盘符或单击系统弹出的【选择要对此光盘执行的操作。】界面中的【运行MyBook.exe】链接，即可运行光盘。

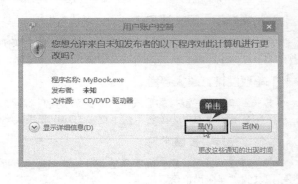

五、光盘使用说明

1. 在电脑上学习光盘内容的方法

【1】 光盘运行后会首先播放片头动画，之后进入光盘的主界面。其中包括【课堂再现】、【学习笔记】、【手机版】三个学习通道，和【源文件】、【赠送资源】、【帮助文件】、【退出光盘】四个功能按钮。

【2】 单击【课堂再现】按钮，进入多媒体同步教学录像界面。在左侧的章号按钮（如此处为 第6章 ）上单击，在弹出的快捷菜单上单击要播放的节名，即可开始播放相应的教学录像。

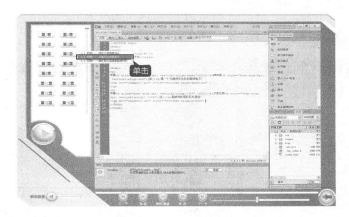

【3】 单击【学习笔记】按钮，可以查看本书的学习笔记。
【4】 单击【手机版】按钮，可以查看手机版教学录像。
【5】 单击【源文件】、【赠送资源】按钮，可以查看对应的文件和资源。

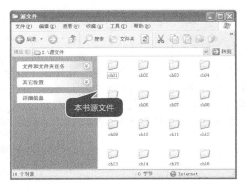
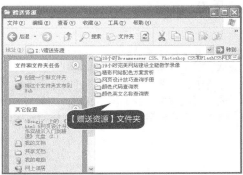

（6）单击【帮助文件】按钮，可以打开"光盘使用说明.pdf"文档，该说明文档详细介绍了光盘在电脑上的运行环境、运行方法，以及在手机上如何学习光盘内容等。

（7）单击【退出光盘】按钮，即可退出本光盘系统。

2．在手机上学习光盘内容的方法

（1）将安卓手机连接到电脑上，把光盘中赠送的手机版教学录像复制到手机上，即可利用已安装的视频播放软件学习本书的内容。

（2）将iPhone/iPad连接到电脑上，通过iTunes将随书光盘中的手机版教学录像导入设备中，即可在iPhone/iPad上学习本书的内容。

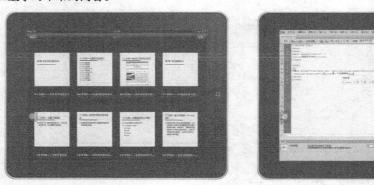

（3）如果读者使用的是其他类型的手机，可以直接将光盘中的手机版教学录像复制到手机上，然后使用手机自带的视频播放器观看视频。

六、创作团队

本书由龙马工作室策划编著，河南工业大学信息科学与工程学院梁义涛任主编，参与本书编写、资料整理、多媒体开发及程序调试的人员还有孔长征、孔万里、李震、乔娜、赵源源、王果、陈小杰、胡芬、刘增杰、王金林、彭超、李东颖、侯长宏、刘稳、左琨、邓艳丽、康曼、任芳、王杰鹏、崔姝怡、侯蕾、左花苹、刘锦源、普宁、王常吉、师鸣若、钟宏伟、陈川、刘子威、徐永俊、朱涛和张允等。

在本书的编写过程中，我们竭尽所能地将最好的内容呈现给读者，但也难免有疏漏和不妥之处，敬请广大读者不吝指正。读者在学习过程中有任何疑问或建议，可发送电子邮件至zhangyi@ptpress.com.cn。

编者

目 录 Contents

第1章 HTML 5 概述

本章视频教学时间：38分钟

HTML是制作网页需要掌握的基础语言，任何高级网站开发语言都必须以HTML为基础实现。本章主要介绍HTML的基本概念和编写方法及浏览HTML文件的方法。

第2章 HTML 5 改进详解

本章视频教学时间：1小时32分钟

HTML 5作为最新的标记语言，与旧版本的HTML标记语言相比变化很大。在未来的网站开发中，它将作为最常用的标记语言。本章开始认识HTML 5。

第 3 章 HTML 5 的基本语法

本章视频教学时间：28分钟

当互联网和Web逐渐成为主流时，Web技术也发生了巨大的变化。W3C和其他的标准化组织共同制定了一些规范，用来创建和解释基于Web的内容。

第 4 章 网页文本设计

📽 **本章视频教学时间：1小时32分钟**

文字是网页中最主要也是最常用的元素。本章主要介绍在网页中使用文字和文字结构标记的方法。

第 5 章 网页色彩和图片设计

 本章视频教学时间：41分钟

网页要给访客带来舒适愉悦的感觉，漂亮的网页色彩搭配和图片设计就显得尤为重要。而且网页的目的是更好地向访客传达信息，使用醒目直观的图片往往比单调的文字更有表现力和说服力。

第 6 章 网页列表与段落设计

本章视频教学时间：1小时18分钟

在网页中文字列表和段落是最常见的内容之一。文字列表可分为有序和无序两种，而段落设计有文字格式设计、间隔、缩进、对齐方式、文字修饰等内容。

高手私房菜 **074**

第 7 章 网页超链接设计

 本章视频教学时间：1小时44分钟

链接是网页中比较重要的组成部分，是实现各个网页相互跳转的依据。本章主要讲述链接的概念和实现方法。

高手私房菜 **096**

第 8 章 网页多媒体设计

本章视频教学时间：42分钟

网页上除了文本、图片等内容外，还可以增加音频和视频等多媒体内容。目前在网页上没有关于音频和视频的标准，多数音频和视频都是通过插件来播放的。为此，HTML 5新增了音频和视频的标签。

第 9 章　网页 Canvas 动画

本章视频教学时间：2小时2分钟

HTML 5呈现了很多在之前的HTML版本中没有的新特性，其中一个最值得提及的特性就是HTML Canvas，用户通过它可以在网页上绘制图像。

第 10 章 网页表单设计

本章视频教学时间：1小时28分钟

在HTML 5中，表单拥有多个新的表单输入类型。这些新特性提供了更好的输入控制和验证。本章节主要讲述表单的概述、表单基本元素的使用方法和表单高级元素的使用方法。

第11章 HTML 5 本地存储

 本章视频教学时间：42分钟

在HTML 5标准之前，Web存储信息需要cookie来完成。因为它们由每个对服务器的请求来传递，使得cookie速度很慢而且效率不高。在THML 5中，Web存储API为用户如何在计算机或设备上存储用户信息作了数据标准的定义。

第 12 章 构建离线的 Web 应用

 本章视频教学时间：38分钟

为了能在离线的情况下访问网站，可以采用HTML 5的离线Web功能。本章主要介绍使用HTML 5离线Web应用API和使用HTML 5离线Web应用构建应用。

第 13 章 制作休闲娱乐类网页

 本章视频教学时间：36分钟

休闲娱乐类的网页种类很多，如聊天交友、星座运程、游戏视频等。本章主要以视频类网页为例进行介绍。

第 14 章 制作大型企业门户类网页

本章视频教学时间：56分钟

作为大型企业的网站，根据主体内容不同，主页所容括的信息量差异也很大。大型企业类网站内容栏目会比较多，需要合理布局，每一个栏目的大小位置以及内容显示形式都要精心设计。

第 15 章 制作电子商务类网页

 本章视频教学时间：56分钟

电子商务网站是当前比较流行的一类网站。随着网络购物、互联网交易的普及，如淘宝、阿里巴巴、亚马逊等类型的电子商务网站在近几年风靡全球。因此，越来越多的公司企业着手架设电子商务网站平台。本章就来介绍一个简单的电子商务类网页。

 高手私房菜 **248**

第 16 章 制作团购类网页

 本章视频教学时间：32分钟

团购这一名词是最近几年才出现的，而且迅速火爆。有关团购的商业类网站也如雨后春笋般遍地开花，比较有名的有聚划算、窝窝团、拉手网、美团网等。本章就来制作一个典型的商业类团购网站。

高手私房菜 **270**

DVD 光盘赠送资源

1. 17小时全程同步教学录像

2. 18小时Dreamweaver CS5、Photoshop CS5和Flash CS5网页三剑客教学录像

3. 19小时完美网站建设全能教学录像

4. 精彩网站配色方案赏析

4. 网页设计技巧查询手册

6. 颜色代码查询表

7. 颜色英文名称查询表

8. 本书所有案例的源文件

第1章

HTML 5 概述

 本章视频教学时间：38 分钟

互联网应用已经成为人们娱乐、工作中不可缺少的一部分，其中网页设计也成为学习计算机知识的重要内容之一。制作网页需要掌握的最基础的语言就是HTML，任何高级网站开发语言都必须以HTML为基础实现。因此本章就来介绍HTML的基本概念、编写方法及浏览HTML文件的方法，使读者初步了解HTML，从而为后面的学习打下基础。

【学习目标】

通过本章的学习，对 HTML 5 有初步了解。

【本章涉及知识点】

了解 HTML 的发展

掌握 HTML 5 的基本概念

掌握 HTML 5 文件的编写方法

1.1 HTML 5概述

本节视频教学时间：15分钟

HTML（Hyper Text Markup Language，超文本标签语言）是一种编写网页文件的标记语言。HTML是一种描述语言，而不是一种编程语言，主要用于描述超文本中内容的显示方式。

1.1.1 HTML的发展史

HTML作为一种标记语言，从诞生到今天经历了十几载，发展过程曲折，经历的版本及发布日期如下表所示。

版本	发布日期	说明
超文本标记语言（第一版）	1993 年 6 月	作为互联网工程工作小组 (IETF) 工作草案发布（并非标准）
HTML 2.0	1995 年 11 月	作为 RFC 1866 发布，在 RFC 2854 于 2000 年 6 月发布之后被宣布过时
HTML 3.2	1996 年 1 月 14 日	W3C 推荐标准
HTML 4.0	1997 年 12 月 18 日	W3C 推荐标准
HTML 4.01	1999 年 12 月 24 日	微小改进，W3C 推荐标准
ISO HTML	2000 年 5 月 15 日	基于严格的 HTML 4.01 语法，是国际标准化组织和国际电工委员会的标准
XHTML 1.0	2000 年 1 月 26 日	W3C 推荐标准，后来经过修订于 2002 年 8 月 1 日重新发布
XHTML 1.1	2001 年 5 月 31 日	较 XHTML 1.0 有微小改进
XHTML 2.0 草案	没有发布	2009 年，W3C 停止了 XHTML 2.0 工作组的工作
HTML 5 草案	2008 年 1 月	目前的 HTML 5 规范都是以草案发布，都不是最终版本，标准的全部实现也许要很久以后

1.1.2 兼容性和存在即合理

HTML作为广泛应用的标记语言，新入市的HTML 5版本拥有极好的兼容性，其存在也有非常重大的意义。下面就其兼容性和存在意义进行说明。

首先来讨论一下HTML 5的兼容性问题。HTML 5虽然出现了很多新特性，但并不是颠覆性的。其兼容性主要体现为以下几点。

(1) HTML 5的核心理念是新特性平滑过渡，一旦遇到浏览器不支持HTML 5的某些新功能，HTML 5就会自动以准备好的备选行为执行，以保障网页内容的正常显示。

(2) HTML 5的语法结构依然符合传统的HTML语言的语法习惯。

(3) HTML 5对浏览器的支持做了改善，可以使各版本浏览器都能很好地支持HTML 5新技术。

其次来讨论一下HTML 5的存在意义。现存的HTML 5以前的标记语言，已经有一二十年的历史。随着信息化的发展，总是要产生一些更好更有利的功能，所以HTML 5的出现是必然的。HTML 5标准的一些特性非常具有革命性，但是面对正在广泛使用的旧标准，这些新特性又都遵循了过渡进化的原则。

1.1.3 效率和用户优先

HTML 5标准的制定是以用户优先为原则的，当遇到无法解决的冲突时，规范会把用户放到第一位，其次是网页的作者，再次是浏览器，接着是规范的制定者（W3C/WHATWG），最后才考虑理论的纯粹性。所以总体看来，HTML 5的绝大部分特性还是实用的，只是在有些情况下还不够完美。举个例子，以下有3个代码，虽然有所不同，但是在HTML 5中都能被正确识别。

```
id="HTML 5"
id=HTML 5
ID="HTML 5"
```

在以上案例中，除了第一个外，另外两个语法都不是很严格，而这种不严格的语法被广泛使用受到了一些技术人员的反对。但是无论语法严格与否，对网页查看者来说都没有任何影响，他们只需看到想要的网页效果就可以了。为了提高HTML 5的使用体验，还加强了以下两方面的设计。

1. 安全机制的设计

为确保HTML 5的安全，在设计HTML 5时做了很多针对安全的设计。HTML 5引入了一种新的基于来源的安全模型，该模型不仅易用，而且通用于各种不同的API。使用这个安全模型可以做一些以前做不到的事情，不需要借助于任何所谓聪明、有创意却不安全的hack就能跨域进行安全对话。

2. 表现和内容分离

表现和内容分离是HTML 5设计中的另一个重要内容。HTML 5在所有可能的地方都努力进行了分离，也包括CSS。实际上表现和内容的分离早在HTML4中就有设计，但是分离得并不彻底。为了避免可访问性差、代码高复杂度、文件过大等问题，HTML 5规范中更细致、清晰地分离了表现和内容。但是考虑到HTML 5的兼容性问题，一些旧的表现和内容的代码还是可以兼容使用的。

1.1.4 化繁为简

作为当下流行的通用标记语言，HTML 5越简单实用越好。所以在设计HTML 5时严格遵循了"简单至上"的原则，主要体现在以下几个方面。

(1) 新的简化的字符集声明；

(2) 新的简化的DOCTYPE；

(3) 简单而强大的HTML 5 API；

(4) 以浏览器原生能力替代复杂的JavaScript代码。

为了实现以上这些简化操作，HTML 5规范需要比以前更加细致，更加准确、精确，且比以往任何版本的HTML规范都要精确。任何歧义和含糊的内容都会阻碍HTML 5的正常推广实用。

在HTML 5规范细化的过程中，为了避免造成误解，几乎给了所有内容以彻底、完全的定义，特别是Web应用。这也使最终完成的HTML 5规范多达900页以上。

基于多种改进过的、强大的错误处理方案，HTML 5具备了良好的错误处理机制。非常有现实意义的一点是，HTML 5提倡重大错误的平缓恢复，再次把最终用户的利益放在了第一位。比如页面中有错误的话，在以前可能会影响整个页面的显示。而HTML 5不会出现这种情况，取而代之的是以标准方式显示"broken"标记。这要归功于HTML 5中精确定义的错误恢复机制。

1.2 HTML 5的基本概念

 本节视频教学时间：10分钟

HTML 5取代了自1999年就诞生的HTML 4，将成为 HTML、XHTML以及HTML DOM的新标准。

1.2.1 HTML 5的革命性变化

HTML语言从1.0至5.0经历了巨大的变化，从单一的文本显示功能到图文并茂的多媒体显示功能，许多特性经过多年的完善，已经成为一种非常好的标记语言。尤其是HTML 5对多媒体的支持功能更强，新增了以下功能。

(1) 语义化标签，使文档结构明确；

(2) 新的文档对象模型（DOM）；

(3) 实现2D绘图的Canvas对象；

(4) 可控媒体播放；

(5) 离线存储；

(6) 文档编辑；

(7) 拖放；

(8) 跨文档消息；

(9) 浏览器历史管理；

(10) MIME类型和协议注册。

对于这些新功能，支持HTML 5的浏览器在处理HTML代码错误的时候必须更灵活，而那些不支持HTML 5的浏览器将忽略HTML 5代码。

1.2.2 HTML 5文件的基本结构

HTML 5不是一种编程语言，而是一种描述性的标记语言，用于描述超文本中的内容和结构。HTML最基本的语法是<标记符></标记符>。标记符通常都是成对使用，有一个开头标记和一个结束标记。结束标记只是在开头标记的前面加一个斜杠"/"。当浏览器收到HTML文件后，就会解释里面的标记符，然后把标记符相对应的功能表达出来。

如在HTML中用<p></p>标记符来定义一个段落，用来定义一个换行符。当浏览器遇到<p></p>标记符时，会把该标记中的内容自动形成一个段落。当遇到
标记符时，会自动换行，并且该标记符后的内容会从一个新行开始。这里的
标记符是单标记，没有结束标记，标记后的"/"可以省略，但为了规范代码一般建议加上。

完整的HTML文件包括标题、段落、列表、表格、绘制的图形以及各种嵌入对象，这些对象统称为HTML元素。一个HTML 5文件的基本结构如下。

```
<!DOCTYPE html>
<html >文件开始的标记
<head>文档头部开始的标记
…文件头的内容
</head>文档头部开始的标记
<body>文件主体开始的标记
…文档主体内容
</body>文件主体结束的标记
</html>文件结束的标记
```

从上面的代码可以看出，在HTML文件中，所有的标记都是相对应的，开头标记为< >，结束标记为</ >，在这两个标记中间添加内容。这些基本标记的使用方法及详细解释见第2章。

1.2.3　HTML 5的标记

HTML标记通常被称为HTML标签 (HTML tag)。HTML 5的标签通常具有以下4个特征。

(1) HTML标签是由尖括号包围的关键词，比如<html>；

(2) HTML标签通常是成对出现的，比如和；

(3) 标签对中的第一个标签是开始标签，第二个标签是结束标签；

(4) 开始标签和结束标签也被称为开放标签和闭合标签。

整个HTML 5文件其实就是由各种各样的标记标签应用构成的。

1.3　HTML 5文件的编写方法

 本节视频教学时间：13分钟

一般来说，用户可通过两种方式编写HTML文件。一种是自己写HTML文件，事实上这并不是非常困难，也不需要特别的技巧；另一种是使用HTML编辑器，它可以辅助用户来做编写的工作。

1.3.1　使用记事本编写HTML 5

前面介绍到HTML 5是一种标记语言，而标记语言代码是以文本形式存在的。因此，所有的记事本工具都可以作为它的开发环境。HTML文件的扩展名为.html或.htm，将HTML源代码输入记事本并保存之后，可以在浏览器中打开文档以查看其效果。

使用记事本编写HTML文件的具体操作步骤如下。

1　选择【记事本】命令

单击Windows桌面上的【开始】按钮，选择【所有程序】➤【附件】➤【记事本】命令，打开一个记事本，在记事本中输入HTML代码，如图所示。

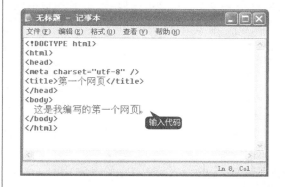

2　弹出【另存为】对话框

编辑完HTML文件后，选择【文件】➤【保存】命令或按【Ctrl+S】组合键，在弹出的【另存为】对话框中，选择【保存类型】为【所有文件】，然后将文件扩展名设为.html或.htm，单击【保存】按钮，保存文件。打开网页文档，在浏览器中预览效果，如图所示。

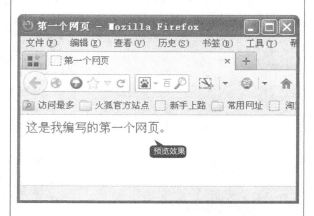

1.3.2 使用Dreamweaver编写HTML文件

"工欲善其事，必先利其器"，虽然使用记事本可以编写HTML文件，但是编写效率太低，且对于语法错误及格式都没有提示。因此，很多专门编写HTML网页的工具弥补了这种缺陷。Adobe公司的Dreamweaver CS6用户界面非常友好，是一个非常优秀的网页开发工具，深受广大用户的喜爱。Dreamweaver CS6的主界面如图所示。

Dreamweaver 主界面

1. 文档窗口

文档窗口位于界面的中部，是用来编排网页的区域，与在浏览器中的结果相似。在文档窗口中，可以将文档分为三种视图显示模式。

(1) 代码视图：使用代码视图，可以在"文档"窗口中显示当前文档的源代码，也可以在该窗口中直接输入HTML代码。

(2) 设计视图：设计视图下，无须编辑任何代码，直接使用可视化的操作来编辑网页。

(3) 拆分视图：拆分视图下，左半部分显示代码视图，右半部分显示设计视图。可以通过输入HTML代码，直接观看效果；还可以通过设计视图插入对象，直接查看源文件。

在各种视图间切换，只需在文档工具栏中单击相应的视图按钮即可，文档工具栏如图所示。

2. 【插入】面板

【插入】面板是在设计视图下，使用频度很高的面板之一。插入面板默认打开的是【常用】页，包括了最常用的一些对象。例如，在文档中的光标位置插入一段文本、图像或表格等。用户可以根据需要切换到其他页，如图所示。

3. 【属性】面板

【属性】面板中主要包含当前选择的对象相关属性设置。可以通过单击菜单栏中的【窗口】▶【属性】命令或按下【Ctrl+F3】组合键，打开或关闭【属性】面板。

　　【属性】面板是常用的一个面板，因为无论编辑哪个对象的属性都要用到它。其内容也会随着选择对象的不同而改变。例如，当光标定位在文档体文字内容部分时，【属性】面板就显示文字相关属性，如图所示。

　　Dreamweaver CS6中还有很多面板，以后讲叙时再作详细讲解。打开的面板越多，编辑文档的区域就越小。为了编辑文档的方便，可以通过【F4】功能键快速隐藏和显示所有面板。

1.3.3 编写第一个HTML 5网页文件

　　本小节使用Dreamweaver CS6编写HTML文件，具体操作步骤如下。

1 选择【新建】命令

　　启动Dreamweaver CS6，在欢迎屏幕中【新建】栏中选择【HTML】选项，如图所示。或者单击菜单中的【文件】➤【新建】菜单命令（组合键【Ctrl+N】）。

2 弹出【新建文档】对话框

　　弹出【新建文档】对话框，在页面类型选项中选择【HTML】选项，单击【创建】按钮。

单击

3 生成新的HTML文件

　　生成新的HTML文件，当前文件显示的是代码视图页面。

小提示

如果默认显示的不是代码视图，在文档工具栏中单击【代码】按钮，切换到代码视图。

4 修改HTML文档

　　修改HTML文档标题，将代码中<title>标记中的"无标题文档"修改成"第一个网页"，在<body>标记中输入"这是我使用Dreamweaver CS5编写的第一个简单网页。"完整的HTML代码如下所示。

```
<!DOCTYPE html PUBLIC "-//W3C//DTD XHTML
1.0 Transitional//EN" "http://www.w3.org/TR/xhtml1/
DTD/xhtml1-transitional.dtd">
<html xmlns="http://www.w3.org/1999/xhtml">
<head>
<meta http-equiv="Content-Type" content="text/html;
charset=utf-8" />
<title>第一个网页</title>
</head>
<body>
这是我使用Dreamweaver CS5编写的第一个简单网页。
</body>
</html>
```

5 弹出【另存为】对话框

选择菜单栏【文件】➤【保存】菜单命令或按下【Ctrl+S】组合键，弹出【另存为】对话框。在对话框中选择保存位置，并输入文件名，单击【保存】按钮。

6 使用浏览器打开文件

使用浏览器打开保存的文件，显示效果如图所示。

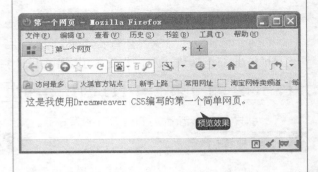

高手私房菜

技巧1：HTML 5中单标记和双标记的书写方法

HTML 5中的标记分为单标记和双标记。所谓单标记是指没有结束标签，双标记是指既有开始标签又有结束标签。

对于单标记是不允许写结束标记的元素，只允许使用"<元素 />"的形式进行书写。例如"
…</br>"的书写方式是错误的，正确的为
。当然，在HTML 5之前的版本中
这种书写方式可以使用。HTML 5中不允许写结束标记的元素有：area、base、br、col、command、embed、hr、img、input、keygen、link、meta、param、source、track、wbr。

对于部分双标记可以省略结束标记。HTML 5中允许省略结束标记的元素有：li、dt、dd、p、rt、rp、optgroup、option、colgroup、thead、tbody、tfoot、tr、td、th。

HTML 5中有些元素还可以完全被省略。即使这些标记被省略了，该元素还是以隐性的方式存在的。HTML 5中允许省略全部标记的元素有：html、head、body、colgroup、tbody。

技巧2：Dreamweaver CS 6欢迎屏幕的显示与隐藏

Dreamweaver CS 6欢迎屏幕可以帮助使用者快速进行打开文件、新建文件和相关帮助的操作。如果使用者不希望显示该窗口，可以按下【Ctrl+U】组合键，在弹出的窗口中选择左侧的【常规】选项，然后取消勾选右侧界面【文档选项】列表中的【显示欢迎屏幕】复选框，最后单击【确定】按钮，如右图所示。之后再次启动Dreamweaver CS 6时，将不再显示欢迎界面。

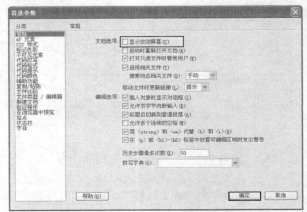

第2章

HTML 5 改进详解

 本章视频教学时间：1 小时 32 分钟

HTML 5作为最新的标记语言，与旧版本的HTML标记语言相比变化很大。在未来的网站开发中，它将作为最常用的标记语言。所以在使用之前需要真正地认识HTML 5，认识它的新增内容。

【学习目标】

▤ 通过本章的学习，真正地认识 HTML 5。

【本章涉及知识点】

▤ 了解 HTML 5 的适用范围

▤ 掌握使用浏览器查看 HTML 5 文件的方法

▤ 掌握编辑一个简单的 HTML 5 页面的方法

▤ 了解 HTML 5 的语法变化、新增和废除的元素、新增和废除的属性

▤ 了解 HTML 5 的全局属性

2.1 HTML 5的适用范围

 本节视频教学时间：4分钟

　　作为最新的HTML标记语言，HTML 5的目的是取代老版本的标记语言，所以几乎适用于所有老版本的范围。除此之外，HTML 5的新功能还使其增加了更多的适用范围。比如新增了视频模块，使其适用于视频网站的编辑；而且canvas画布的功能也有了较大的改进，所适用的范围也更加广泛。

　　但总体来说HTML 5毕竟是新技术，其很多功能还不能被所有的浏览器支持，甚至有些新特性的浏览器支持性很差。所以在很多新特性使用上，其适用范围还是有一定局限性的。

　　目前普通用户使用的浏览器版本可能还比较落后，如一些用户依然在使用IE6浏览器，这就导致即便是使用了最新的HTML 5新功能编辑了网页，也不能体验其效果。所以开发者也要考虑当前面向客户的浏览器是否能够比较广泛地支持新技术，否则使用老版本的HTML可能效果会更好些。

　　当然HTML 5技术在不断完善，不断推广，在未来的某一时间段所有的在用浏览器都会对其有很好的支持。

2.2 使用浏览器查看HTML 5文件

 本节视频教学时间：6分钟

　　HTML 5文件属于网页文件，主要是通过浏览器来查看，具体查看方法及内容如下。

2.2.1 各大浏览器与HTML 5的兼容性

　　浏览器是网页的运行环境，因此浏览器的类型也是在网页设计时会遇到的一个问题。由于各个软件厂商对HTML的标准支持有所不同，导致同样的网页在不同的浏览器下会有不同的表现。同时HTML 5新增的功能各个浏览器的支持程度也不一致，浏览器的因素变得比以往传统的网页设计更重要。

　　为了保证设计出来的网页在不同的浏览器上效果一致，本书后面的章节中还会多次提及浏览器。目前，市面上的浏览器种类繁多，Internet Explorer是占绝对主流的。因此，本书使用Internet Explorer 9.0作为主要浏览器。遇到IE浏览器不能支持的效果，可以使用Firefox、Opera或者其他能支持的浏览器，这点请读者注意。

2.2.2 查看页面效果

　　查看HTML网页文件页面效果的方法非常简单，直接双击编辑好的文件即可。

　　前面已经介绍，网页可以在不同的浏览器中查看。为了测试网页的兼容性，可以在不同的浏览器中打开网页。在非默认浏览器中打开网页的方法有很多种，下面为读者介绍两种常用方法。

　　方法一：选择浏览器菜单【文件】➤【打开】菜单命令（有些浏览的菜单项名为"打开文件"），选择要打开的网页即可。

　　方法二：在HTML文件上右键单击，在弹出的快捷菜单中选择【打开方式】菜单命令，单击需要的浏览器。如果浏览器没有出现在菜单中，可选择【选择程序（C）…】项，在计算机中查找浏览器程序。

2.2.3 查看源文件

查看网页源代码的方法如下。

在打开的页面空白处单击鼠标右键，在弹出的快捷菜中选择【查看页面源代码】菜单命令。

小提示

由于浏览器的规定各不相同，有些浏览器将查看源文件操作命名为"查看源代码"，请读者注意，但是操作方法完全相同。

2.3 编辑一个简单的HTML 5页面

本节视频教学时间：7分钟

编辑一个简单的HTML 5页面需要熟悉HTML 5的结构，并且要有支持的浏览器。

2.3.1 搭建支持的浏览器环境

要想很好地显示HTML 5页面内容，需要Internet Explorer 9.0以上或Firefox浏览器。所以如果使用的是Internet Explorer以前版本的浏览器，首先要进行升级更新。如果使用的不是Internet Explorer浏览器，可以直接安装Firefox浏览器。

Internet Explorer 9.0发布的正式版，支持Windows Vista、Windows 7和Windows Server 2008，但不支持Windows XP。如果要升级的话，直接在微软官网获取安装包即可。

Firefox浏览器对系统环境要求不大，所以本实例搭建Firefox浏览器环境。具体操作步骤如下

1 单击【典型】单选按钮

运行Firefox安装文件，弹出安装向导对话框，单击【下一步】按钮，打开【安装类型】对话框，单击【典型】单选按钮，单击【下一步】按钮。

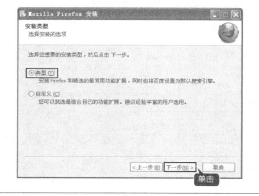

2 打开【概述】对话框

打开【概述】对话框，设置安装路径，并勾选【让Firefox作为我的默认浏览器】复选框，单击【下一步】按钮。

3 打开【开始安装】对话框	**4** 安装完成
打开【开始安装】对话框，下载必要的安装组件，并执行安装。	安装完成，勾选【立即运行Firefox】复选框，单击【结束】按钮。
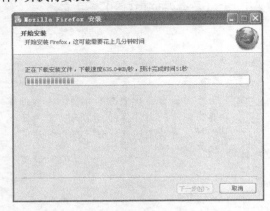	

2.3.2 检测浏览器是否支持HTML标记

检测浏览器是否支持HTML标记，可以通过直接用浏览器打开的方式查看。如果打开后HTML 5的标记内容能正确显示则表示支持，如果不能正常显示则不支持。下面以HTML 5的画布标记为例做浏览器兼容性测试。

打开记事本，在记事本中输入HTML 5画布测试代码。

```
<!DOCTYPE html >
<html >
<head>
<title>检测浏览器是否支持HTML 5</title>
</head>
<body style="font-size:20px">
<canvas id="myCanvas" width="100" height="100"
style="border:5px solid #DDD;background-color:#FFF">
该浏览器不支持HTML 5的画布标记！
</canvas>
</body>
</html>
```

当浏览器支持该标记时，将出现一个矩形；反之，则在页面中显示"该浏览器不支持HTML 5的画布标记！"的提示。

　　首先使用Internet Explorer 8浏览器打开文件，显示如图所示内容，说明Internet Explorer 8浏览器不支持HTML 5的画布等新特性。

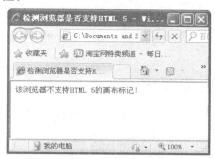

　　其次使用Firefox浏览器打开文件，显示如图所示内容，方形画布被显示出来，说明Firefox支持HTML 5的画布等新特性。

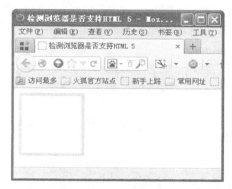

2.3.3 使用HTML结构编写"hello，world"页面

　　本实例将是用HTML标准结构编写一个"hello，world"页面，具体操作步骤如下。

1 输入代码

　　新建记事本，输入以下代码，并保存为index.html文件。

```
<!DOCTYPE html>
<html>
<head>
<title>hello，world</title>
</head>
<body>
<p>欢迎访问本网页！</p>
</body>
</html>
```

2 使用Firefox浏览器打开文件

　　使用Firefox浏览器打开文件，效果如图所示。

2.4 语法变化

 本节视频教学时间：16分钟

HTML 5与HTML 4相比，语法发生了很大的变化，下面进行详细介绍。

2.4.1 HTML 5的语法变化

HTML 5与HTML 4相比在语法上的变化之大超出了很多人的想象，那么如此大的变化会不会给HTML 5取代已经普及的HTML 4带来阻碍呢？

答案是否定的。首先HTML 5语法上的变化并不是直接的颠覆；其次它的变化正是因为在HTML 5之前几乎没有符合标准规范的Web浏览器。

虽然HTML的语法是在SGML语言的基础上建立起来的，但是SGML语法非常复杂，所以很多浏览器都不包含SGML的分析器。因此各浏览器之间并不是遵从SGML语法的，而是各自针对HTML解析的。这样一来，浏览器和程序之间的兼容性和可操作性就产生了很大的局限性，开发者的努力最终也会因为浏览器的这个缺陷而大打折扣。

所以提高各浏览器之间的兼容性是一项非常重要的工作。HTML 5的语法在修改时，就围绕这个Web浏览器兼容标准的问题重新定义了一套语法，使它运行在各浏览器时，各浏览器都能够符合这个通用标准。

为此，HTML 5推出了详细的语法解析分析器，部分最新版本的浏览器已经开始封装该分析器，使各浏览器的语法兼容变为可能。

2.4.2 HTML 5中的标记方法

下面来详细介绍在HTML 5中的标记方法。其主要包括三个内容：内容类型、DOCTYPE声明和指定字符编码。

1. 内容类型（ContentType）

HTML 5文件的扩展名和原有的HTML文件一致，即仍然采用".html"或".htm"，内容类型仍然为"text/html"。

2. DOCTYPE声明

DOCTYPE声明是HTML文件中必不可少的，位于文件第一行。在HTML 4中，它的声明方法如下。

```
<!DOCTYPE html PUBLIC "-//W3C//DTD XHTML 1.0 Transitional//EN" "http://www.
w3.org/TR/xhtml1/DTD/xhtml1-transitional.dtd">
```

而在HTML 5中，为了兼容性刻意不使用版本声明，这样一份文档将会适用于所有版本的HTML。HTML 5中的DOCTYPE声明方法如下。

```
<!DOCTYPE html>
```

3. 指定字符编码

在HTML 4中，使用meta元素的形式指定文件中的字符编码，具体代码如下。

```
<meta http-equiv="Content-Type" content="text/html;charset=UTF-8">
```

在HTML 5中和HTML 4相似，可以适当简化，直接追加charset属性来指定字符编码，具体代码如下。

```
<meta charset="UTF-8">
```

在HTML 5中，推荐使用UTF-8字符编码。

2.4.3 版本兼容性

　　HTML 5的出现需要一个慢慢使用和推广的过程，不可能迅速地取代老版的HTML语言，所以HTML 5的语法设计需要保证与之前的HTML语法达到最大程度的兼容。

　　下面从元素标记的省略、具有boolean值的属性、引号的省略这几方面来详细介绍在HTML 5中是如何确保与之前版本的HTML兼容的。

1. 元素标记的省略

　　在HTML 5中，部分元素的标记是可以省略的。根据省略情况不同，元素的标记可以分为"不允许写结束标记"、"可以省略结束标记"和"可以省略全部标记"三种类型。那么HTML 5中的元素都属于哪一类呢？这些元素的归类如下表所示（其中包括HTML 5中的新元素）。

类别	元素名
不允许写结束标记	area、base、br、col、command、embed、hr、img、input、keygen、link、meta、param、source、track、wbr。
可以省略结束标记	li、dt、dd、p、rt、rp、optgroup、option、colgroup、thead、tbody、tfoot、tr、td、th。
可以省略全部标记	html、head、body、colgroup、tbody。

2. 具有boolean值的属性

　　具有boolean值的属性，如果只写属性而不指定属性值，表示属性值为true；如果想要将属性值设为false，可以不使用该属性，如disabled与readonly等。另外，要想将属性值设定为true，也可以将属性名设定为属性值，或将空字符串设定为属性值。

　　属性值的设定方法如下。

　　(1) 只写属性不写属性值代表属性为true

```
<input type="checkbox" checked>
```

　　(2) 不写属性代表属性为false

```
<input type="checkbox">
```

　　(3) 属性值=属性名，代表属性为true

```
<input type="checkbox" checked="checked">
```

　　(4) 属性值=空字符串，代表属性为true

```
<input type="checkbox" checked="">
```

3. 引号的省略

　　在HTML 5中指定属性值的时候，属性值两边既可以用双引号，也可以用单引号，还可以省略引号。省略引号的前提是属性值不包括空字符串、"<"、">"、"="、单引号、双引号等字符。如下面的代码所示。

```
<input type="text">
<input type=text>
```

2.4.4 标记示例

　　下面利用前面所学知识来编写一个简单的HTML 5标记示例。

1 输入代码内容

新建记事本，输入以下代码内容，并保存为 HTML 文件。

```
<!DOCTYPE html>
<meta charset="UTF-8">
<title>HTML 5标记示例</title>
<p>该页面代码是使用HTML 5语法
<br/>编写出来的。
```

小提示

可以看到代码中使用了 HTML 5 的 DOCTYPE声明、<meta>元素的charset 属性指定字符编码、<p>元素的结束标记的省略、使用<元素/>的方式来结束 <meta>元素以及
元素等。同时省略了 <html>、<head>、<body>等元素。

2 使用Firefox浏览器查看网页

在Firefox浏览器中查看网页，效果如图所示。

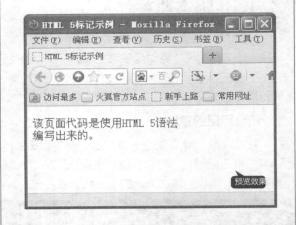

2.5 新增和废除的元素

 本节视频教学时间：30分钟

本节将详细介绍HTML 5中新增和废除的元素。

2.5.1 新增的结构元素

在HTML 5中，新增了几种与结构相关的元素：section元素、article元素、aside元素、header 元素、hgroup元素、footer元素、nav元素和figure元素。

1. section元素

<section>标签定义文档中的节section、区段，如章节、页眉、页脚或文档中的其他部分。它可以与h1、h2、h3、h4、h5、h6等元素结合起来使用，标识文档结构。

section标签的代码结构如下所示。

```
<section>
 <h1>PRC</h1>
 <p>The People's Republic of China was born in 1949...</p>
</section>
```

2. article元素

<article>标签定义外部的内容。外部内容可以是来自一个外部新闻提供者的一篇新文章，或者来自 blog的文本，或者来自论坛的文本，抑或来自其他外部源内容。

article标签的代码结构如下所示。

```
<article>
<a href="http://www.apple.com">Safari 5 released</a><br />
7 Jun 2010. Just after the announcement of the new iPhone 4 at WWDC,
Apple announced the release of Safari 5 for Windows and Mac......
</article>
```

3. aside元素

<aside>标签定义article以外的内容。aside的内容应该与article的内容相关。

aside标签的代码结构如下所示。

```
<p>Me and my family visited The Epcot center this summer.</p>
<aside>
<h4>Epcot Center</h4>
The Epcot Center is a theme park in Disney World, Florida.
</aside>
```

4. header元素

header元素表示页面中一个内容区块或整个页面的标题。

header标签的代码结构如下所示。

```
<header>
<h1>Welcome to my homepage</h1>
<p>My name is Donald Duck</p>
</header>
<p>The rest of my home page...</p>
```

5. hgroup元素

<hgroup>标签用于对网页或区段（section）的标题进行组合。

使用hgroup标签对网页或区段（section）的标题进行组合的代码如下。

```
<hgroup>
 <h1>Welcome to my WWF</h1>
 <h2>For a living planet</h2>
</hgroup>
<p>The rest of the content...</p>
```

6. footer元素

<footer>标签定义section或document的页脚。在典型情况下，该元素会包含创作者的姓名、文档的创作日期以及/或者联系信息。

使用footer标签设置文档页脚的代码如下。

```
<footer>This document was written in 2010</footer>
```

7. nav元素

<nav>标签定义导航链接的部分。具体实现代码如下。

```
<nav>
<a href="index.asp">Home</a>
<a href="HTML 5_meter.asp">Previous</a>
<a href="HTML 5_noscript.asp">Next</a>
</nav>
```

小提示

如果文档中有"前后"按钮，则应该把它放到<nav>元素中。

8. figure元素

figure元素表示一段独立的流内容，一般表示文档主体流内容中的一个独立单元。使用figcaption元素为figure元素组添加标题。

使用Figure标签的代码如下。

```
<figure>
  <h1>PRC</h1>
  <p>The People's Republic of China was born in 1949...</p>
</figure>
```

小提示

需要使用<figcaption>元素为元素组添加标题。

2.5.2 新增的input元素的类型

HTML 5中新增了很多input元素的类型，主要有url、number、range、emai和Date Pickers等。具体内容介绍如下。

1. url

url类型表示必须输入URL地址的文本输入框。

2. number

number类型表示必须输入数值的文本输入框。

3. range

range类型表示必须输入一定范围内数字值的文本输入框。

4. email

email类型表示必须输入E-mail地址的文本输入框。

5. Date Pickers

HTML 5拥有多个可供选取日期和时间的新型输入文本框。

date—选取日、月、年

month—选取月、年

week—选取周、年

time—选取时间（小时和分钟）

datetime—选取时间、日、月、年（UTC时间）

datetime-local—选取时间、日、月、年（本地时间）

2.5.3 新增的其他元素

除了结构元素外，在HTML 5中还新增了其他元素，如video元素、audio元素、embed元素、mark元素、progress元素、time元素等十几个。具体内容介绍如下。

1. video元素

video元素定义视频，如电影片段或其他视频流。

HTML 5中代码示例：

```
<video src="movie.ogg" controls="controls">video元素</video>
```

2. audio元素

audio元素定义音频，如音乐或其他音频流。

HTML 5中代码示例：

```
<audio src="someaudio.wav">audio元素</audio>
```

3. embed元素

embed元素用来插入各种多媒体，格式可以是 Midi、Wav、AIFF、AU、MP3等。
HTML 5中代码示例：

```
<embed src=" helloworld.wav" />
```

4. mark元素

mark元素主要用来在视觉上向用户呈现那些需要突出显示或高亮显示的文字。mark元素一个比较典型的应用就是在搜索结果中向用户高亮显示搜索关键词。
HTML 5中代码示例：

```
p>Do not forget to buy <mark>milk</mark> today.</p>
```

5. progress元素

progress元素表示运行中的进程，可以使用 progress元素来显示JavaScript中耗费时间的函数的进程。
HTML 5中代码示例：

```
对象的下载进度：
<progress>
<span id="objprogress">85</span>%
</progress>
```

这是HTML 5中的新增功能，故无法用HTML 4代码来实现。

6. time元素

time元素表示日期或时间，也可以同时表示两者。
HTML 5中代码示例：

```
<time></time>
```

7. ruby元素

ruby元素表示ruby注释（中文注音或字符）。
HTML 5中代码示例：

```
<ruby>
漢 <rt><rp>(</rp>ㄏㄢˋ<rp>)</rp></rt>
</ruby>
```

这是HTML 5中新增的功能。

8. rt元素

rt元素表示字符（中文注音或字符）的解释或发音。
HTML 5中代码示例：

```
<ruby>
漢 <rt>ㄏㄢˋ</rt>
</ruby>
```

这是HTML 5中新增的功能。

9. rp元素

rp元素在ruby注释中使用，以定义不支持ruby元素的浏览器所显示的内容。
HTML 5中代码示例：

```
<ruby>
漢 <rt><rp>(</rp>厂 弓 ` <rp>)</rp></rt>
</ruby>
```

这是HTML 5中新增的功能。

10. canvas元素

canvas元素表示图形，如图表和其他图像。这个元素本身没有行为，仅提供一块画布，但它把一个绘图API展现给客户端JavaScript，以使脚本能够把想绘制的东西绘制到这块画布上。

HTML 5中代码示例：

```
<canvas id="myCanvas" width="300" height="200"></canvas>
```

11. command元素

command元素表示命令按钮，如单选按钮、复选框或按钮。

HTML 5中代码示例：

```
<command type="command">Click Me!</command>
```

这是HTML 5中新增的功能。

12. details元素

details元素表示用户要求得到并且可以得到的细节信息。它可以与summary元素配合使用。summary元素提供标题或图例。标题是可见的，用户点击标题时，会显示出细节信息。summary元素应该是details元素的第一个子元素。

HTML 5中代码示例：

```
<details>
  <summary>HTML 5</summary>
  This document teaches you everything you have to learn about HTML 5.
</details>
```

这是HTML 5中新增的功能。

13. datalist元素

datalist元素表示可选数据的列表，与input元素配合使用可以制作出输入值的下拉列表。

HTML 5中代码示例：

```
<datalist></datalist>
```

这是HTML 5中新增的功能。

14. datagrid元素

datagrid元素表示可选数据的列表，它以树形列表的形式来显示。

HTML 5中代码示例：

```
<datagrid></datagrid>
```

这是HTML 5中新增的功能。

15. keygen元素

keygen元素表示生成密钥。

HTML 5中代码示例：

```
<keygen>
```

这是HTML 5中新增的功能。

16. output元素

output元素表示不同类型的输出，如脚本的输出。

HTML 5中代码示例：

```
<output></output>
```

17. source元素

source元素为媒介元素（比如<video>和<audio>）定义媒介资源。

HTML 5中代码示例：

```
<source>
```

18. menu元素

menu元素表示菜单列表。当希望列出表单控件时使用该标签。

HTML 5中代码示例：

```
<menu>
    <li><input type="checkbox" />Red</li>
    <li><input type="checkbox" />blue</li>
</menu>
```

2.5.4 废除的元素

由于各种原因在HTML 5中废除了很多元素，部分元素开始使用CSS替代、部分元素浏览器支持有限，还有一些元素被一些新的标签所替代。具体内容介绍如下。

1. 只有部分浏览器支持的元素

之前有很多元素只有部分浏览器支持，如bgsound元素只被internet explorer所支持，这种元素在HTML 5中被废除。同样由于此原因被废除的还有applet、blink和marquee等元素。

这些被废除的元素大都有替换元素，如applet元素可由embed元素或object元素替代。

2. 能使用CSS替代的元素

为了简化HTML 5标记语言，部分纯粹为画面展示服务的功能标记元素被废除，这些元素的功能尽量放在CSS样式表中统一编辑。这类元素常见的有basefont、big、center、font、s、strike、tt和u等。

3. 不再使用frame框架

由于frame框架对网页可用性存在负面影响，所以在HTML 5中已不支持frame框架，而只支持iframe框架。其中将frameset元素、frame元素与noframes元素已废除。

4. 其他被废除的元素

除此之外，还有其他被废除的元素，这些元素大部分都有新元素替代。具体如下表所示。

废除元素	替换元素	废除元素	替换元素
rb 元素	ruby 元素	listing 元素	pre 元素
acronym 元素	abbr 元素	xmp 元素	code 元素
dir 元素	ul 元素	nextid 元素	GUIDS
isindex 元素	form 元素与 input 元素相结合的方式替代	plaintext 元素	"text/plian" MIME 类型

2.6 新增和废除的属性

 本节视频教学时间：17分钟

在HTML 5中，在增加和废除了很多元素的同时，也增加和废除了很多属性。具体内容介绍如下。

2.6.1 新增的属性

新增的属性主要分为三大类：表单相关属性、链接相关属性和其他新增属性。具体内容介绍如下。

1. 表单相关属性

新增的表单属性有很多，下面分别进行介绍。

(1) autocomplete。autocomplete属性规定form或input域应该拥有自动完成功能。Autocomplete适用于<form>标签以及以下类型的<input>标签：text、search、url、telephone、email、password、datepickers、range以及color。

使用autocomplete属性的案例代码如下。

```
<form action="demo_form.asp" method="get" autocomplete="on">
First name: <input type="text" name="fname" /><br />
Last name: <input type="text" name="lname" /><br />
E-mail: <input type="email" name="email" autocomplete="off" /><br />
<input type="submit" />
</form>
```

(2) autofocus。autofocus属性规定在页面加载时，域自动地获得焦点。autofocus属性适用于所有<input>标签的类型。

使用autofocus属性的案例代码如下。

```
User name: <input type="text" name="user_name" autofocus="autofocus" />
```

(3) form。form属性规定输入域所属的一个或多个表单。form属性适用于所有<input>标签的类型，必须引用所属表单的 id。

使用form属性的案例代码如下。

```
<form action="demo_form.asp" method="get" id="user_form">
First name:<input type="text" name="fname" />
<input type="submit" />
</form>
Last name: <input type="text" name="lname" form="user_form" />
```

(4) form overrides。表单重写属性（form override attributes）允许重写form元素的某些属性设定。

表单重写属性有：

①formaction – 重写表单的action属性；

②formenctype – 重写表单的enctype属性；

③formmethod – 重写表单的method属性；

④formnovalidate – 重写表单的novalidate属性；

⑤formtarget – 重写表单的target属性。

表单重写属性适用于以下类型的<input>标签：submit和image。

(5) height和width。height和width属性规定用于image类型input标签的图像高度和宽度。height和width属性只适用于image类型的<input>标签。

使用height和width属性的案例代码如下。

```
<input type="image" src="img_submit.gif" width="99" height="99" />
```

(6) list。list属性规定输入域的 datalist。datalist是输入域的选项列表。list属性适用于以下类型的<input>标签：text、search、url、telephone、email、date pickers、number、range以及color。

使用list属性的案例代码如下。

```
Webpage: <input type="url" list="url_list" name="link" />
<datalist id="url_list">
<option label="W3Schools" value="http://www.w3school.com.cn" />
<option label="Google" value="http://www.google.com" />
<option label="Microsoft" value="http://www.microsoft.com" />
</datalist>
```

(7) min, max和step。min、max和step属性用于为包含数字或日期的input类型规定限定（约束）。min属性规定输入域所允许的最小值；max属性规定输入域所允许的最大值；step属性为输入域规定合法的数字间隔（如果step="3"，则合法的数是-3,0,3,6等）。

min、max和step属性适用于以下类型的<input>标签：date pickers、number以及range。

下面列举一个显示数字域的例子，具体代码如下。

```
Points: <input type="number" name="points" min="0" max="10" step="3" />
//域接受介于 0 到 10 之间的值，且步进为 3（即合法的值为 0、3、6 和 9）
```

(8) multiple。multiple属性规定输入域中可选择多个值。multiple属性适用于以下类型的<input>标签：email和file。

使用multiple属性的案例代码如下。

```
Select images: <input type="file" name="img" multiple="multiple" />
```

(9) pattern (regexp)。pattern属性规定用于验证input域的模式（pattern）。模式（pattern）是正则表达式。读者可以在我们的JavaScript教程中学习到有关正则表达式的内容。

pattern属性适用于以下类型的<input>标签：text、search、url、telephone、email以及password。

使用pattern属性的案例代码如下。

```
Country code: <input type="text" name="country_code"
pattern="[A-z]{3}" title="Three letter country code" />
//显示一个只能包含三个字母的文本域（不含数字及特殊字符）
```

(10) placeholder。placeholder属性提供一种提示（hint），描述输入域所期待的值。placeholder 属性适用于以下类型的<input>标签：text、search、url、telephone、email以及password。

使用placeholder属性的案例代码如下。

```
<input type="search" name="user_search" placeholder="Search W3School" />
```

(11) required。required属性规定必须在提交之前填写输入域（不能为空）。required属性适用 于以下类型的<input>标签：text、search、url、telephone、email、password、date pickers、number、checkbox、radio以及file。

使用required属性的案例代码如下。

```
Name: <input type="text" name="usr_name" required="required" />
```

2. 链接相关属性

新增的与链接相关的属性如下。

(1) media属性。为a与area元素增加了media属性。该属性规定目标URL是为什么类型的媒介/设 备进行优化的，只能在href属性存在时使用。

(2) type属性。为area元素增加了type属性。该属性规定目标URL的MIME类型，仅在href属性存 在时使用。

(3) sizes。为link元素增加了新属性sizes。该属性可以与icon元素结合使用（通过rel属性），指 定关联图标（icon元素）的大小。

(4) target。为base元素增加了target属性。该属性的主要目的是保持与a元素的一致性。

3. 其他属性

除了以上介绍的与表单和链接相关的属性外，HTML 5还增加了其他属性，如下表所示。

属性	隶属于	意义
reversed	ol 元素	指定列表倒序显示
charset	meta 元素	为文档字符编码的指定提供了一种良好的方式
type	menu 元素	让菜单可以以上下文菜单、工具条与列表菜单的三种形式出现
label	menu 元素	为菜单定义一个可见的标注
scoped	style 元素	用来规定样式的作用范围，如只对页面上某个树起作用
async	script 元素	定义脚本是否异步执行
manifest	html 元素	开发离线 Web 应用程序时它与 API 结合使用，定义一个 URL，在这个 URL 上描述文档的缓存信息
sandbox、srcdoc 与 seamless	iframe 元素	用来提高页面的安全性，防止不信任的 Web 页面执行某些操作

2.6.2 废除的属性

在HTML 5中废除了很多不需要再使用的属性，这些属性将被其他属性或其他方案替代。具体内 容如下表所示。

废除的属性	使用该属性的元素	在 HTML 5 中代替的方案
rev	link ,a	rel
charset	link,a	在被链接的资源中使用 HTTP content-type 头元素
shape，coords	a	使用 area 元素代替 a 元素
longdesc	img，iframe	使用 a 元素链接到较长描述
target	link	多余属性，被省略
nohref	area	多余属性，被省略
profile	head	多余属性，被省略
version	html	多余属性，被省略
name	img	id
scheme	meta	只为某个表单域使用 scheme
archive,classid,codebase,codetype,declare,standby	object	使用 data 与 type 属性类调用插件。需要使用这些属性来设置参数时，使用 param 属性
valuetype,type	param	使用 name 与 value 属性，不声明值的 MIME 类型
axis,abbr	td,th	使用以明确简洁的文字开头，后跟详述文字的形式。可以对更详细内容使用 title 属性，来使单元格的内容变得简短
scope	td	在被链接的资源中使用 HTTP Content-type 头元素
align	caption,input,legend,div,h1,h2,h3,h4,h5,h6,p	使用 CSS 样式表进行替代
alink,link,text,vlink,background,bgcolor	body	使用 CSS 样式表进行替代
align,bgcolor,border,cellpadding,cellspacing,frame,rules,width	table	使用 CSS 样式表进行替代
align,char,charoff,height,nowrap,valign	tbody,thead,tfoot	使用 CSS 样式表进行替代
align,bgcolor,char,charoff,height,nowrap, valign,width	td,th	使用 CSS 样式表进行替代
align,bgcolor,char,charoff,valign	tr	使用 CSS 样式表进行替代
align,char,charoff,valign,width	col,colgroup	使用 CSS 样式表进行替代
align,border,hspace,vspace	object	使用 CSS 样式表进行替代
clear	br	使用 CSS 样式表进行替代
compact,type	ol,ul,li	使用 CSS 样式表进行替代
compact	dl	使用 CSS 样式表进行替代
compact	menu	使用 CSS 样式表进行替代
width	pre	使用 CSS 样式表进行替代
align,hspace,vspace	img	使用 CSS 样式表进行替代
align,noshade,size,width	hr	使用 CSS 样式表进行替代
align,frameborder,scrollingmargin height,	script 元素	定义脚本是否异步执行
autosubmit	menu	

2.7 全局属性

 本节视频教学时间：12分钟

在HTML 5中新增了许多全局属性，下面进行详细介绍。

2.7.1 Content Editable属性

Content Editable属性是HTML 5中新增的标准属性，其主要功能为指定是否允许用户编辑内容。该属性有两个值：true和false。

为内容指定Content Editable属性为true表示可以编辑，false表示不可编辑。如果没有指定值则会采用隐藏的inherit（继承）状态，即如果元素的父元素是可编辑的，则该元素就是可编辑的。

下面来列举一个使用Content Editable属性的示例，具体内容如下。

1 输入代码

新建记事本，输入以下代码，并保存为html文件。

```html
<!DOCTYPE html>
<head>
<title>conentEditalbe属性示例</title>
</head>
<body>
<h3>以下内容为可编辑内容</h3>
<ol contentEditable="true">
<li>第一节</li>
<li>第二节</li>
<li>第三节</li>
</ol>
</body>
</html>
```

2 使用Firefox浏览器查看网页内容

使用Firefox浏览器查看网页内容，打开后可以在网页中输入相关内容，效果如图所示。

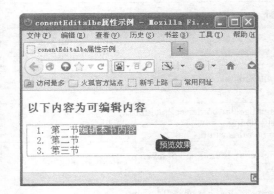

 小提示

对内容进行编辑后，如果关闭网页，编辑的内容将不会被保存。如果想要保存其中内容，只能把该元素的innerHTML发送到服务器端。

2.7.2 design Mode属性

design Mode属性用来指定整个页面是否可编辑。该属性包含两个值：on和off。属性被指定为"on"时，页面可编辑；被指定为"off"时，页面不可编辑。当页面可编辑时，页面中任何支持上文所述的content Editable属性的元素都变成了可编辑状态。

design Mode属性不能直接在HTML 5中使用，而只能在JavaScript脚本里被编辑修改。使用JavaScript脚本来指定design Mode属性的命令如下所示。

```javascript
document.designMode="on"
```

2.7.3 hidden属性

Hidden对象代表一个HTML表单中的某个隐藏输入域。这种类型的输入元素实际上是隐藏的。这个不可见的表单元素的value属性保存了一个要提交给Web服务器的任意字符串。如果想要提交并非用户直接输入的数据，就是用这种类型的元素。

在HTML表单中<input type="hidden">标签每出现一次，一个Hidden对象就会被创建。

读者可通过遍历表单的elements[]数组来访问某个隐藏输入域，或者通过使用document.getElementById()。

2.7.4 spellcheck属性

spellcheck属性是HTML 5中的新属性，规定是否对元素内容进行拼写检查。可对以下文本进行拼写检查：类型为text的input元素中的值（非密码）、textarea元素中的值和可编辑元素中的值。

1 输入代码	**2** 使用Firefox浏览器查看网页内容
新建记事本，输入以下代码，并保存为html文件。	使用Firefox浏览器查看网页内容，打开后可以在网页中输入相关内容，效果如图所示。

1 输入代码

新建记事本，输入以下代码，并保存为html文件。

```
<!DOCTYPE html>
<html>
<head>
<title>hello，word</title>
</head>
<body>
<p contenteditable="true" spellcheck="true">这是可编辑的段落。请试着编辑文本。</p>
</body>
</html>
```

2 使用Firefox浏览器查看网页内容

使用Firefox浏览器查看网页内容，打开后可以在网页中输入相关内容，效果如图所示。

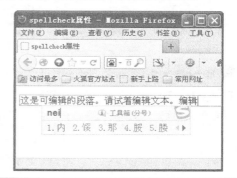

2.7.5 tabindex属性

tabIndex属性可设置或返回按钮的【Tab】键控制次序。打开页面，连续按下【Tab】键，会在按钮之间切换。tabIndex属性则可以记录显示切换的顺序。

首先新建记事本，输入以下代码，并保存为html文件。

```
<html>
<head>
<script type="text/javascript">
function showTabIndex()
{
var b1=document.getElementById('b1').tabIndex;
var b2=document.getElementById('b2').tabIndex;
var b3=document.getElementById('b3').tabIndex;
document.write("Tab index of Button 1: " + b1);
document.write("<br />");
document.write("Tab index of Button 2: " + b2);
document.write("<br />");
document.write("Tab index of Button 3: " + b3);
}
</script>
```

```
</head>
<body>
<button id="b1" tabIndex="1">Button 1</button><br />
<button id="b2" tabIndex="2">Button 2</button><br />
<button id="b3" tabIndex="3">Button 3</button><br />
<br />
<input type="button" onclick="showTabIndex()" value="Show tabIndex" />
</body>
</html>
```

1 使用Firefox浏览器打开文件	**2** 单击【Show tabIndex】键
使用Firefox浏览器打开文件，效果如图所示。 	单击【Show tabIndex】键，显示出依次切换的顺序。 

举一反三

目前支持HTML 5标记语言的浏览器很多，读者可以尝试安装Google Chrome和Opera浏览器，并使用它们对HTML 5标记语言编辑的网页进行查看。

高手私房菜

技巧1：如何解决HTML 5浏览器支持问题

浏览器对HTML 5的支持需要一个过程。一款浏览器暂时还不能支持HTML 5定义的全部内容，那么在浏览页面时难免会造成信息无法正确显示，如后面章节讲的网页多媒体应用。那么如何解决浏览器现在的支持问题呢？首先尽量使用大部分浏览器支持的HTML 5元素及对象，其次可以分别将多个浏览器支持的对象格式融入代码中，如不同浏览器对音频文件格式支持不同，可以参照第8章内容，将多种多媒体文件融入代码中，这样不同的浏览器就会自动选择自己支持的格式打开。

技巧2：HTML 5中新增了很多元素和属性，这些属性是否已经可以应对目前所有的HTML 5应用

HTML 5在设计时几乎做到了对所有内容的说明与定义，从目前的设计来看它是完善的。但是随着科技技术的发展，必然还会出现很多新增功能的应用，相应的新元素和新属性也有可能出现。

第 3 章

HTML 5 的基本语法

 本章视频教学时间：28 分钟

学习掌握一门新技术、新语言时，首先要了解其基本语法。本章将介绍在使用HTML 5时需要遵循的Web标准，以及使用HTML 5构建网页的基本语法结构。

【学习目标】

通过本章的学习，了解 HTML 5 的基本语法。

【本章涉及知识点】

了解 Web 的标准

掌握 HTML 5 的基本结构

掌握制作一个符合 W3C 标准的 HTML 5 网页的方法

3.1 Web标准

 本节视频教学时间：8分钟

在Web技术成为主流的时代，开发人员也日益增多，各种类型和版本的浏览器也越来越多，网页的兼容性成为困扰开发人员最头痛的问题。为了解决这一问题，W3C和其他标准化组织制定了一系列的规范，本节将为读者介绍Web标准。

3.1.1 Web标准概述

通过前面的学习，读者了解到制作的网页需要在浏览器中运行。由于目前存在不同的浏览器版本，为了让各种浏览器都能正常显示网页，web开发者常常需要为耗时的多版本开发而艰苦工作。当新的硬件（比如移动电话）和软件（比如微浏览器）开始浏览web时，这种情况会变得更加严重。

为了使Web更好地发展，开发人员和最终用户面临的非常重要的事情是，在开发新的应用程序时，浏览器开发商和站点开发商共同遵守标准。

Web的不断壮大，使得越来越有必要依靠标准实现其全部潜力。Web标准可确保每个人都有权利访问相同的信息。如果没有Web标准，那么未来的Web应用，包括我们所梦想的应用程序都是不可能实现的。

同时，Web标准也可以使站点开发更快捷，更令人愉快。为了缩短开发和维护时间，未来的网站将不得不根据标准来进行编码。开发人员不必为了得到相同的结果，而挣扎于多版本的开发。一旦Web开发人员遵守了Web标准，由于开发人员可以更容易理解彼此的编码，Web开发的团队协作将得到简化。

因此，Web标准在开发中是很重要的。使用Web标准有以下几个优点。

1. 对于访问者

(1) 文件下载与页面显示速度更快；

(2) 内容能被更多的用户所访问（包括失明、视弱、色盲等残障人士）；

(3) 内容能被更广泛的设备所访问（包括屏幕阅读机、手持设备、搜索机器人、打印机、电冰箱等）；

(4) 用户能够通过样式选择定制自己的表现界面；

(5) 所有页面都能提供适于打印的版本。

2. 对于网站所有者

(1) 更少的代码和组件，容易维护。

(2) 带宽要求降低（代码更简洁），成本降低。举个例子：当ESPN.com使用CSS改版后，每天将节约超过两兆字节（terabytes）的带宽。

(3) 更容易被搜索引擎搜索到。

(4) 改版方便，不需要变动页面内容。

(5) 提供打印版本而不需要复制内容。

提高网站易用性。在美国，有严格的法律条款（Section 508）来约束政府网站必须达到一定的易用性，其他国家也有类似的要求。

3.1.2 Web标准规定的内容

Web标准不是某一个标准，而是一系列标准的集合。网页主要由三部分组成：结构（Structure）、表现（Presentation）和行为（Behavior）。对应的标准也分三方面：结构化标准语言主要包括XHTML和XML，表现标准语言主要包括CSS，行为标准主要包括对象模型（如W3C DOM）、ECMAScript等。这些标准大部分由W3C起草和发布，也有一些是其他标准组织制定的，如ECMA（European Computer Manufacturers Association）的ECMAScript标准。

1. 结构标准语言

(1) XML。XML是The Extensible Markup Language(可扩展标识语言)的简写。目前推荐遵循的是W3C于2000年10月6日发布的XML1.0（参考www.w3.org/TR/2000/REC-XML-20001006）。和HTML一样，XML同样来源于SGML，但XML是一种能定义其他语言的语言。XML最初设计的目的是弥补HTML的不足，以强大的扩展性满足网络信息发布的需要，后来逐渐用于网络数据的转换和描述。

(2) XHTML。XHTML是The Extensible HyperText Markup Language可扩展超文本标识语言的缩写。目前推荐遵循的是W3C于2000年1月26日推荐的XML1.0（参考http://www.w3.org/TR/xhtml1）。XML虽然数据转换能力强大，完全可以替代HTML，但面对成千上万已有的站点，直接采用XML还为时过早。因此我们在HTML4.0的基础上，用XML的规则对其进行扩展，从而得到了XHTML。简单地说，建立XHTML的目的就是实现HTML向XML的过渡。

2. 表现标准语言

CSS是Cascading Style Sheets层叠样式表的缩写。目前推荐遵循的是W3C于1998年5月12日推荐的CSS2（参考http://www.w3.org/TR/CSS2/）。W3C创建CSS标准的目的是以CSS取代HTML表格式布局、帧和其他表现的语言。纯CSS布局与结构式XHTML相结合能帮助设计师分离外观与结构，使站点的访问及维护更加容易。

3. 行为标准

(1) DOM。DOM是Document Object Model文档对象模型的缩写。根据W3C DOM规范（http://www.w3.org/DOM/），DOM是一种与浏览器、平台、语言的接口，使得用户可以访问页面其他的标准组件。简单理解，DOM解决了Netscaped的Javascript和Microsoft的Javascript之间的冲突，给予web设计师和开发者一个标准的方法，让他们来访问他们站点中的数据、脚本和表现层对象。

(2) ECMAScript。ECMAScript是ECMA(European Computer Manufacturers Association)制定的标准脚本语言（JAVAScript）。目前推荐遵循的是ECMAScript 262。

3.2 HTML基本结构

 本节视频教学时间：12分钟

HTML文档最基本的结构主要包括文档类型说明、HTML文档开始标记、元信息、主体标记和页面注释标记。

3.2.1 文档类型说明

HTML 5设计准则中的第3条——化繁为简，web页面的文档类型说明（DOCTYPE）被极大地简化了。

细心的读者会发现，在第1章中使用Dreamweaver CS 6创建HTML文档时，文档头部的类型说明代码如下。

```
<!DOCTYPE html PUBLIC "-//W3C//DTD XHTML 1.0 Transitional//EN" "http://www.w3.org/TR/
xhtml1/DTD/xhtml1-transitional.dtd">
```

上面为XHTML文档类型说明，读者可以看到这段代码既麻烦又难记。而HTML 5对文档类型进行了简化，简单到15个字符就可以了，代码如下。

```
<!DOCTYPE html>
```

注意：doctype的申明需要出现在html文件的第一行。

3.2.2 HTML标记

HTML标记代表文档的开始，由于HTML语言语法的松散性，该标记可以省略。但是为了使之符合Web标准和文档的完整性，养成良好的编写习惯，建议不要省略。

HTML标记以<html>开头，以</html>结尾，文档的所有内容书写在开头和结尾的中间部分。语法格式如下。

```
<html>
...
</html>
```

3.2.3 头标记head

头标记head用于说明文档头部相关信息，一般包括标题信息、元信息、定义CSS样式和脚本代码等。HTML的头部信息是以<head>开始，以</head>结束。语法格式如下。

```
<head>
…
</head>
```

说明：
<head>元素的作用范围是整篇文档，定义在HTML语言头部的内容往往不会在网页上直接显示。在head标记中一般可以设置title和meta等标记的内容。

3.2.4 标题标记title

HTML页面的标题一般是用来说明页面的用途，显示在浏览器的标题栏中。在HTML文档中，标题信息设置在<head>与</head>之间。标题标记以<title>开始，以</title>结束。语法格式如下。

```
<title>
…
</title>
```

在标记中间的"…"就是标题的内容，它可以帮助用户更好地识别页面。预览网页时，设置的标题在浏览器的左上方标题栏中显示。此外，在Windows任务栏中显示的也是这个标题。页面的标题只有一个，它位于HTML文档的头部，即<head>和</head>之间。

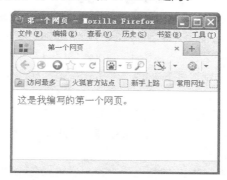

3.2.5　元信息标记meta

<meta>元素可提供有关页面的元信息（meta-information），如针对搜索引擎和更新频度的描述与关键词。

<meta>标签位于文档的头部，不包含任何内容。<meta>标签的属性定义了与文档相关联的名称/值对，<meta>标签提供的属性及取值。

属性	值	描述
charset	character encoding	定义文档的字符编码
content	some_text	定义与 http-equiv 或 name 属性相关的元信息
http-equiv	content-type expires refresh set-cookie	把 content 属性关联到 HTTP 头部
name	author description keywords generator revised others	为菜单定义一个可见的标注

1. 字符集charset属性

在HTML 5中，有一个新的charset属性，它使字符集的定义更加容易。例如，下列代码告诉浏览器网页使用"ISO-8859-1"字符集显示。代码如下所示。

```
<meta charset="ISO-8859-1">
```

2. 搜索引擎的关键词

在早期，Meta Keywords关键词对搜索引擎的排名算法起到了一定的作用，也是很多人进行网页优化的基础。关键词在浏览时是看不到的，使用格式如下。

```
<meta name="keywords" content="关键字,keywords" />
```

说明：

(1) 不同的关键词之间，应用半角逗号隔开（英文输入状态下），不要使用"空格"或"|"间隔；

(2) 是"keywords"，不是"keyword"；

(3) 关键词标签中的内容应该是一个个的短语，而不是一段话。

例如，定义针对搜索引擎的关键词，代码如下。

```
<meta name="keywords" content="HTML, CSS, XML, XHTML, JavaScript" />
```

关键词标签"Keywords"曾经是搜索引擎排名中很重要的因素，但现在已经被很多搜索引擎完全忽略。如果我们加上这个标签，对网页的综合表现没有坏处。不过，如果使用不恰当的话，对网页非但没有好处，还会有欺诈的嫌疑。在使用关键字标签"Keywords"时，要注意以下几点。

(1) 关键字标签中的内容要与网页核心内容相关，确保使用的关键词出现在网页文本中；

(2) 使用用户易于通过搜索引擎检索的关键词，过于生僻的词汇不太适合做META标签中的关键词；

(3) 不要重复使用关键词，否则可能会被搜索引擎惩罚；

(4) 一个网页的关键词标签里最多包含3~5个最重要的关键词，不要超过5个；

(5) 每个网页的关键词应该不一样。

注意，由于设计者或SEO优化者以前对Meta Keywords关键词的滥用，导致目前它在搜索引擎排名中的作用很小。

3. 页面描述

Meta Description元标签（描述元标签）是一种HTML元标签，用来简略描述网页的主要内容，通常被搜索引擎用在搜索结果页上展示给最终用户看的一段文字片段。页面描述在网页中是不显示出来的，使用格式如下。

```
<meta name="description" content="网页的介绍" />
```

例如，定义对页面的描述，代码如下。

```
<meta name="description" content="专业的技术教程。" />
```

4. 页面定时跳转

使用<meta>标记可以使网页在经过一定时间后自动刷新，这可通过将http-equiv属性值设置为refresh来实现。Content属性值可以设置为更新时间。

在浏览网页时经常会看到一些欢迎信息的页面，在经过一段时间后，这些页面会自动转到其他页面，这就是网页的跳转。页面定时刷新跳转的语法格式如下。

```
<meta http-equiv="refresh" content="秒;[url=网址]" />
```

说明：上面的[url=网址]部分是可选项，如果有该部分，页面定时刷新并跳转；如果省略该部分，页面只定时刷新，不跳转。

例如，实现每10秒刷新一次页面，将下述代码放入head标记部分即可。

```
<meta http-equiv="refresh" content="10" />
```

3.2.6 网页的主体标记

网页所要显示的内容都放在网页的主体标记内，它是HTML文件的重点所在。在后面章节所介绍的HTML标记都将放在这个标记内。然而它并不仅仅是一个形式上的标记，本身也可以控制网页的背景颜色或背景图像，这将在后面进行介绍。主体标记是以<body> 开始，以</body>结束。语法格式如下。

```
<body>
…
</body>
```

注意，在构建HTML结构时，标记不允许交错出现，否则会造成错误。

例如在下列代码中，`<body>`开始标记出现在`<head>`标记内。

```
<html>
<head>
<title>html标记</title>
<body>
</head>
</body>
</html>
```

代码中的第4行`<body>`开始标记和第5行的`</head>`结束标记出现了交叉，这是错误的。HTML中的所有代码都不允许交错出现。

3.2.7 页面注释标记`<!-- -->`

注释是在HTML代码中插入的描述性文本，用来解释该代码或提示其他信息。注释只出现在代码中，浏览器对注释代码不进行解释，并且在浏览器的页面中不显示。在HTML源代码中适当地插入注释语句是一种非常好的习惯，对于设计者日后的代码修改、维护工作很有好处。另外，如果将代码交给其他设计者，他们也能很快读懂前者所撰写的内容。

语法:

```
<!--注释的内容-->
```

注释语句元素由前后两半部分组成，前半部分由一个左尖括号、一个半角感叹号和两个连字符头组成，后半部分由两个连字符和一个右尖括号组成。

```
<html>
<head>
<title>html标记</title>
</head>
<body>
<!-- 这里是标题-->
<h1>HTML 5标记测试</h1>
</body>
</html>
```

页面注释不但可以对HTML中一行或多行代码进行解释说明，而且可能注释掉这些代码。如果希望某些HTML代码在浏览器中不显示，可以将这部分内容放在`<!--`和`-->`之间。例如修改上述代码，如下所示。

```
<html>
<head>
<title>html标记</title>
</head>
<body>
<!--
<h1>HTML 5标记测试</h1>
-->
</body>
</html>
```

修改后的代码将`<h1>`标记作为注释内容处理，在浏览器中将不会显示这部分内容。

3.3 实例——符合W3C标准的HTML 5网页结构

本节视频教学时间：8分钟

通过本章的学习，读者了解到HTML 5较以前版本有很大改变，本章就标记语法部分进行了详细的阐述。

下面将制作一个符合W3C标准的HTML 5网页，具体操作步骤如下。

1 单击【代码】视图按钮

启动Dreamweaver CS 6，新建HTML文档，单击文档工具栏中的【代码】视图按钮，切换至代码状态。

2 修改文档说明部分

上图中的代码是xhtml1.0格式，尽管与HTML 5完全兼容，但是为了简化而将其修改成HTML 5规范。修改文档说明部分、<html>标记部分和<meta>元信息部分，修改后HTML 5的基本结构代码如下。

```
<!DOCTYPE html>
<html>
<head>
<meta charset="utf-8" />
<title>HTML 5标准网页结构</title>
</head>
<body>
</body>
</html>
```

3 添加代码

在网页主体中添加内容，在body部分增加如下代码。

```
<!--杜甫诗词-->
<h1>登岳阳楼</h1>
<P>
昔闻洞庭水，今上岳阳楼。<br>
吴楚东南坼，乾坤日夜浮。<br>
亲朋无一字，老病有孤舟。<br>
戎马关山北，凭轩涕泗流。<br>
</P>
```

4 在Firefox中预览效果

保存网页，在Firefox中预览效果如图所示。

高手私房菜

技巧：在网页中，语言的编码方式有哪些

在HTML 5网页中，<meta>标记的charset属性用于设置网页的内码语系，也就是字符集的类型，国内常用的是GB码。国内经常要显示汉字，通常设置为gb2312（简体中文）和UTF-8两种。英文是ISO-8859-1字符集，还有其他的字符集，这里不再介绍。

第 4 章

网页文本设计

  本章视频教学时间：1 小时 32 分钟

文字是网页中最主要也是最常用的元素。因此，这一章开始讲解在网页中使用文字和文字结构标记的方法。

【学习目标】

📄 学习在网页中使用文字和文字结构标记的方法。

【本章涉及知识点】

📄 掌握添加文本的方法

📄 掌握文本排版的方法

📄 了解文本格式的高级设置

📄 熟悉成才教育网文本设计的方法

4.1 实例1——添加文本

 本节视频教学时间：22分钟

网页中的文本可以分为两大类，一类是普通文本，另一类是特殊字符文本。

4.1.1 普通文本

所谓普通文本是指汉字或者在键盘上可以输出的字符。读者可以在Dreamweaver CS 6代码视图的body标签部分直接输入，或者在设计视图下直接输入。

可以使用复制、粘贴的方法，把其他窗口中需要的文本复制过来。在粘贴文本的时候，如果只希望把文字粘贴过来，而不需要粘贴其他文档中的格式，可以使用Dreamweaver CS 6的【选择性粘贴】功能。

【选择性粘贴】功能只在Dreamweaver CS 6的设计视图中起作用，因为在代码视图中，粘贴的仅有文本，不会有格式。例如，将Word文档表格中的文字复制到网页中，而不需要表格结构。操作方法：选择【编辑】▶【选择性粘贴…】菜单命令或按下【Ctrl+Shift+V】组合键，弹出【选择性粘贴】对话框，在对话框中单击【仅文本】单选按钮，如图所示。

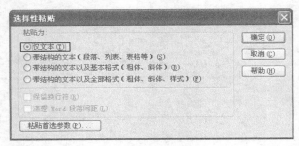

4.1.2 特殊字符文本

每个行业都有自己的特性，如数学、物理和化学都有特殊的符号。如何在网页上显示这些特殊符号，是这节为读者讲述的内容。

在HTML中，特殊符号以&开头，后面跟相关字符。例如，大括号和小括号被用于声明标记，因此如果在HTML代码中出现"<"和">"字符，就不能直接输入，而需要当作特殊字符处理了。HTML中，用"<"代表符号"<"，用">"代表符号">"。如输入公式a>b，在HTML中需要这样表示：a>b。

HTML中还有大量这样的字符，如空格、版权等。常用特殊字符如下表所示。

显示	说明	HTML 编码	显示	说明	HTML 编码
	半角大的空白		"	双引号	"
	全角大的空白		©	版权	©
	不断行的空白格		®	已注册商标	®
<	小于	<	™	商标（美国）	™
>	大于	>	×	乘号	×
&	& 符号	&	÷	除号	÷

在编辑化学公式或物理公式时，使用特殊字符的频度非常高。如果每次输入时都去查询或者要记忆这些特殊符号的编码，工作量是相当大的。在此本文为读者提供一些技巧。

(1) 在Dreamweaver CS 6的设计视图下输入字符，如输入a>b这样的表达式，可以直接输入。对于部分键盘上没有的字符可以借助"中文输入法"的软键盘，在其上右键单击，弹出特殊类别项，如下图所示。选择所需类型，如选择"数学符号"，弹出数学相关符号，如图所示。单击"÷"号，即可输入。

(2) 文字与文字之间的空格，如果超过一个，那么从第2个空格开始都会被忽略掉。快捷地输入空格的方法如下：将输入法切换成"中文输入法"，并置于"全角"【Shift+空格】状态，直接按键盘上的空格键即可。

(3) 对于上述两种方法都无法实现的字符，可以使用Dreamweaver CS 6的【插入】菜单来实现。选择【插入】➤【HTML】➤【特殊字符】菜单命令，在所需要的字符中选择，如果没有所需要的字符，则选择【其他字符…】选项。

小提示

尽量不要使用多个" "来表示多个空格，因为多数浏览器对空格距离的实现是不一样的。

4.1.3 文本特殊样式

在文档中经常公出现重要文本（加粗显示）、斜体文本、上标和下标文本等。

1. 重要文本

重要文本通常以粗体显示、强调方式显示或加强调方式显示。HTML中的<b>标记、<em>标记和<strong>标记分别实现了这三种显示方式，具体内容介绍如下。

1 编写HTML代码	**2 使用Firefox打开文件**
打开记事本，编写以下HTML代码，并保存为HTML格式的文件。	使用Firefox打开文件，预览效果如图所示，实现了重要文本的三种显示方式。

```
<!DOCTYPE html>
<html>
<head>
<title>重要文本标注</title>
</head>
<body>
<p><b>文字粗体</b> </p>
<p><em>文字强调</em> </p>
<p><strong>文字加强调</strong></p>
</body>
</html>
```

2. 斜体文本

HTML中的<i>标记实现了文本的倾斜显示。放在<i></i>之间的文本将以斜体显示，具体内容介绍如下。

1 编写HTML代码

打开记事本，编写以下HTML代码，并保存为HTML格式的文件。

```
<!DOCTYPE html>
<html>
<head>
<title>倾斜文本标注</title>
</head>
<body>
<i>文本斜体显示</i>
</body>
</html>
```

2 使用Firefox打开文件

使用Firefox打开文件，预览效果如图所示，其中文字以斜体显示。

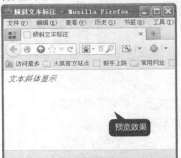

小提示

HTML中的重要文本和倾斜文本标记已经过时，需要读者忘记的标记，都应该使用CSS样式来实现，而不应该使用HTML来实现。

3. 上标和下标文本

在HTML中用<sup>标记实现上标文字，用<sub>标记实现下标文字。<sup>和</sub>都是双标记，放在开始标记和结束标记之间的文本会分别以上标或下标形式出现，具体内容介绍如下。

1 编写HTML代码

打开记事本，编写以下HTML代码，并保存为HTML格式的文件。

```
<!DOCTYPE html>
<html>
<head>
<title>上标和下标文本标注</title>
</head>
<body>
<!--上标显示-->
<p>c=a<sup>2</sup>+b<sup>2</sup></p>
<!--下标显示-->
<p>H<sub>2</sub>+O→H<sub>2</sub>O</p>
</body>
</html>
```

2 使用Firefox打开文件

使用Firefox打开文件，预览效果如图所示，分别实现了上标和下标文本显示。

4.2 实例2——文本排版

本节视频教学时间：13分钟

在网页中如果要把文字有条理地显示出来，就离不开段落标记的使用。对网页中文字段落进行排版，并不像文本编辑软件Word那样可以定义许多模式来安排文字的位置。在网页中要将某一段文字放在特定的地方，是通过HTML标记来完成的。

4.2.1 段落标记\<p\>与换行标记\<br\>

浏览器在显示网页时，完全按照HTML标记来解释HTML代码，忽略多余的空格和换行。在HTML文件里，不管输入多少空格（按空格键）都将被视为一个空格；换行（按【Enter】键）也是无效的。在HTML中，换行使用\<br\>标记，换段使用\<p\>标记。

1. 段落标记\<p\>

段落标记是双标记，即\<p\>\</p\>，在\<p\>开始标记和\</p\>结束标记之间的内容形成一个段落。如果省略结束标记，从\<p\>标记开始，直到遇见下一个段落标记之前的文本都在一段段落内。段落标记中的p是英文单词"paragraph"即"段落"的首字母，用来定义网页中的一段文本。文本在一个段落中会自动换行。

下面演示\<p\>标记的用法。

---

1 编写HTML代码

打开记事本，编写以下HTML代码，并保存为HTML格式的文件。

```
<<!DOCTYPE html>
<html>
<head>
<title>段落标记的使用</title>
</head>
<body>
<p>HTML 5网页设计与制作实战从入门到精通</p>
<p>互联网应用已经成为人们娱乐、工作中不可缺少的一部分，其中网站网页的设计也成为学习计算机的重要内容之一。制作网页需要掌握的最基本的语言基础就是HTML，任何高级网站开发语言都必须以HTML为基础实现。因此本章就来介绍HTML的基本概念和编写方法及浏览HTML文件的方法，使读者初步了解HTML，从而为后面的学习打下基础。
</p>
<p>
作为广泛应用的标记语言，HTML 5虽然出现了很多的新特性，但并不是颠覆性的。HTML 5的核心理念是新特性平滑过渡，一旦遇到浏览器不支持HTML 5的某些新功能，HTML 5就会自动以准备好的备选行为执行，以保障网页内容的正常显示。
</p>
<p>
现存的HTML 5以前的标记语言已经有一二十年的历史了，随着信息化的发展，总是要产生一些更好更有利的功能，所以HTML 5的出现是必然的。HTML 5标准的一些特性非常具有革命性，但是面对正在广泛使用的旧的标准，这些新特性都遵循了过渡进化的原则。
</p>
</body>
</html>
```

2 使用Firefox打开文件

使用Firefox打开文件，预览效果如图所示，\<P\>标记将文本分成4个段落。

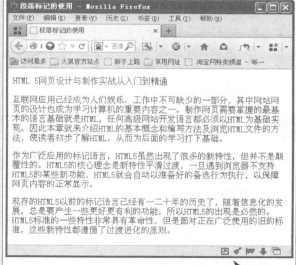

预览效果

2. 换行

换行标记
是一个单标记，没有结束标记，是英文单词"break"的缩写，作用是将文字在一个段内强制换行。一个
标记代表一个换行，连续的多个标记可以实现多次换行。使用换行标记时，在需要换行的位置添加
标记即可。

下面演示
标记的用法。

1 编写HTML代码	**2** 使用Firefox打开文件
打开记事本，编写以下HTML代码，并保存为HTML格式的文件。 `<!DOCTYPE html>` `<html>` `<head>` `<title>换行标记</title>` `</head>` `<body>` 网页文本设计` `网页中文本设计包括两个内容` `文本添加和文本排版` `可以使用Dreamweaver完成网页文本设计 `</body>` `</html>`	使用Firefox打开文件，预览效果如图所示。虽然在HTML源代码中，主体部分的内容在排版上没有换行，但是增加 标记后，实现了换行效果。 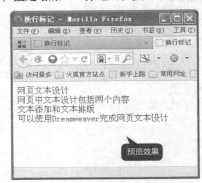

4.2.2 标题标记<h1>~<h6>

在HTML文档中，文本的结构除了以行和段出现之外，还可以作为标题存在。通常一篇文档最基本的结构就是由若干不同级别的标题和正文组成的。

HTML文档中包含各种级别的标题，各种级别的标题由<h1>~<h6>元素来定义，<h1>~<h6>标题标记中的字母h是英文headline（标题行）的简称。其中<h1>代表1级标题，级别最高，文字也最大。其他标题元素依次递减，<h6>级别最低。

标题标记的用法如下。

1 编写HTML代码	**2** 使用Firefox打开文件

打开记事本，编写以下HTML代码，并保存为HTML格式的文件。
 	
`<!DOCTYPE html>`
`<html>`
`<head>`
`<title>文本段换行</title>`
`</head>`
`<body>`
`<h1>这里是1级标题</h1>`
`<h2>这里是2级标题</h2>`
`<h3>这里是3级标题</h3>`
`<h4>这里是4级标题</h4>`
`<h5>这里是5级标题</h5>`
`<h6>这里是6级标题</h6>`
`</body>`
`</html>`
	使用Firefox打开文件，预览效果如图所示。

	小提示
	如果默认显示的不是代码视图，可在文档工具栏中单击【代码】按钮，切换到代码视图。

4.3 实例3——文本格式的高级设置

 本节视频教学时间：51分钟

一个杂乱无序、堆砌而成的网页，会使人产生枯燥无味、望而却步的感觉。而一个美观大方的网页，会让人有美轮美奂、流连忘返的感觉。本节将详细介绍网页中文本格式的设置方法。

4.3.1 字体

font-family属性用于指定文字字体类型，如宋体、黑体、隶书、Times New Roman等，即在网页中展示字体不同的形状。具体的语法如下所示。

```
style="font-family:黑体"
style="font-family:华文彩云,黑体,宋体"
```

从语法格式上可以看出，font-family有两种声明方式。第一种方式，使用name字体名称，按优先顺序排列，以逗号隔开，如果字体名称包含空格，则应使用引号括起。第二种方式，使用所列出的字体序列名称，如果使用fantasy序列，将提供默认字体序列。比较常用的是第一种声明方式。

1 编写HTML代码

打开记事本，编写以下HTML代码，并保存为HTML格式的文件。

```
<!DOCTYPE html>
<html>
<meta http-equiv="Content-Type" content="text/
html; charset=utf-8" />
<head><title>字体</title>
</head>
<body>
<p style="font-family:黑体" align=center>北国风
光，千里冰封。</p>
</body>
</html>
```

2 在Chrome中浏览效果

在Chrome中浏览效果如图所示，可以看到文字居中并以黑体显示。

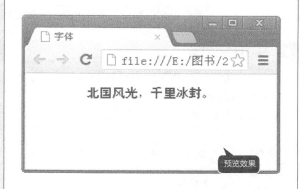

在字体显示时，如果指定一种特殊字体类型，而在浏览器或者操作系统中该类型不能正确获取，可以通过font-family预设多找字体类型。font-family属性可以预置多个供页面使用的字体类型，即字体类型序列，其中每种字型之间使用逗号隔开。如果前面的字体类型不能正确显示，则系统将自动选择后一种字体类型，依此类推。

所以在设计页面时，一定要考虑字体的显示问题。为了保证页面达到预计的效果，最好提供多种字体类型，而且最好以最基本的字体类型作为最后一个。

其样式设置如下所示。

```
font-family:华文彩云,黑体,宋体
```

当font-family属性值中的字体类型由多个字符串和空格组成时，如Times New Roman，那么该值就需要使用双引号引起来。

```
font-family: "Times New Roman"
```

4.3.2 字号

一个网页中，通常使用较大字体显示标题，用小字体显示正文内容，大小字体结合既吸引了读者的眼球，又提高了读者的阅读速度。

在HTML 5新规定中，通常使用font-size设置文字大小。其语法格式如下所示。

Style="font-size：数值| inherit | xx-small | x-small | small | medium | large | x-large |
xx-large | larger | smaller | length"

其中，通过数值来定义字体大小，如用font-size:10px的方式定义字体大小为12个像素。此外，还可以通过medium之类的参数定义字体的大小。其参数含义如下表所示。

参数	说明
xx-small	绝对字体尺寸。根据对象字体进行调整。最小
x-small	绝对字体尺寸。根据对象字体进行调整。较小
small	绝对字体尺寸。根据对象字体进行调整。小
medium	默认值。绝对字体尺寸。根据对象字体进行调整。正常
large	绝对字体尺寸。根据对象字体进行调整。大
x-large	绝对字体尺寸。根据对象字体进行调整。较大
xx-large	绝对字体尺寸。根据对象字体进行调整。最大
larger	相对字体尺寸。相对于父对象中字体尺寸进行相对增大。使用成比例的 em 单位计算
smaller	相对字体尺寸。相对于父对象中字体尺寸进行相对减小。使用成比例的 em 单位计算
length	百分数或由浮点数字和单位标识符组成的长度值，不可为负值。其百分比取值是基于父对象中字体的尺寸

1 编写HTML代码

打开记事本，编写以下HTML代码，并保存为HTML格式的文件。

```
<!DOCTYPE html>
<html>
<meta http-equiv="Content-Type" content="text/html; charset=utf-8" />
<head><title>字号</title></head>
<body>
<p style="font-size:20pt">上级标记大小</p>
<p style="font-size:small">小</p>
<p style="font-size:larger">大</p>
<p style="font-size:x-small">小</p>
<p style="font-size:x-larger">大</p>
<p style="font-size:50%">子标记</p>
<p style="font-size:25pt">子标记</p>
</body>
</html>
```

2 在Chrome中浏览效果

在Chrome中浏览效果如图所示，可以看到网页中文字被设置成不同的大小。其设置方式采用了绝对数值、关键字和百分比等形式。

在上面的例子中，当font-size字体大小为50%时，其比较对象是上一级标签中的10pt。

同样我们还可以使用inherit值，直接继承上级标记的字体大小。例如：

上级标记
继承

4.3.3 字体风格

font-style通常用来定义字体风格，即字体的显示样式。在HTML 5新规定中，语法格式如下所示。

font-style : normal | italic | oblique |inherit

其属性值有四个，具体含义如下表所示。

属性值	含义
normal	默认值。浏览器会显示一个标准的字体样式
italic	浏览器会显示一个斜体的字体样式
oblique	将没有斜体变量的特殊字体，浏览器会显示一个倾斜的字体样式
inherit	规定应该从父元素继承字体样式

1 编写HTML代码

打开记事本，编写以下HTML代码，并保存为HTML格式的文件。

```
<!DOCTYPE html>
<html>
<meta http-equiv="Content-Type" content="text/html; charset=utf-8" />
<head><title>字体风格</title></head>
<body>
 <p style="font-style:italic">锄禾日当午，汗滴禾下土</p>
 <p style="font-style:normal">锄禾日当午，汗滴禾下土</p>
 <p style="font-style:oblique">锄禾日当午，汗滴禾下土</p>
</body>
</html>
```

2 在Chrome中浏览效果

在Chrome中浏览效果如图所示，可以看到文字分别显示不同的样式，如斜体。

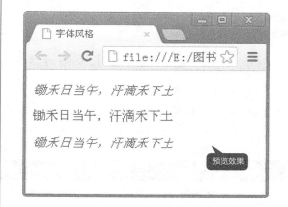

4.3.4 加粗字体

通过设置字体粗细，可以让文字显示出不同的外观。通过font-weight属性可以定义字体的粗细程度，语法格式如下所示。

font-weight:100-900|bold|bolder|lighter|normal;

font-weight属性有13个有效值，分别是bold、bolder、lighter、normal、100~900。如果没有设置该属性，则使用其默认值normal。属性值设置为100~900，值越大，加粗的程度就越高。其具体含义如下表所示。

值	描述
bold	定义粗体字体
bolder	定义更粗的字体，相对值
lighter	定义更细的字体，相对值
normal	默认，标准字体

浏览器默认的字体粗细是400，也可以通过参数lighter和bolder使得字体在原有基础上显得更细或更粗。

1 编写HTML代码

打开记事本，编写以下HTML代码，并保存为HTML格式的文件。

```
<!DOCTYPE html>
<html>
<meta http-equiv="Content-Type" content="text/html;
charset=utf-8" />
<head><title>加粗字体</title></head>
<body>
  <p style="font-weight:bold">2012龙腾虎跃(bold)</p>
   <p style="font-weight:bolder">2012龙腾虎跃
(bolder)</p>
   <p style="font-weight:lighter">2012龙腾虎跃
(lighter)</p>
   <p style="font-weight:normal">2012龙腾虎跃
(normal)</p>
  <p style="font-weight:100">2012龙腾虎跃(100)</p>
  <p style="font-weight:400">2012龙腾虎跃(400)</p>
  <p style="font-weight:900">2012龙腾虎跃(900)</p>
</body>
</html>
```

2 在Chrome中浏览效果

在Chrome中浏览效果如图所示，可以看到文字居中并以不同方式加粗，其中使用了关键字加粗和数值加粗。

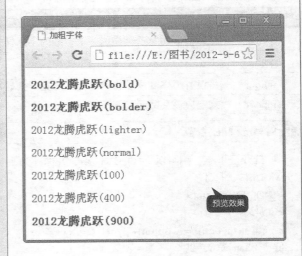

4.3.5 小写字母转为大写字母

font-variant属性设置大写字母的字体显示文本，意味着所有的小写字母均会被转换为大写。但是所有使用大写字体的字母与其余文本相比，字体尺寸更小。其语法格式如下所示。

font-variant : normal | small-caps |inherit

font-variant有三个属性值，分别是normal、inherit和small-caps。其具体含义如下表所示。

属性值	说明
normal	默认值。浏览器会显示一个标准的字体
small-caps	浏览器会显示小型大写字母的字体
inherit	规定应该从父元素继承 font-variant 属性的值

1 编写HTML代码

打开记事本，编写以下HTML代码，并保存为HTML格式的文件。

```
<!DOCTYPE html>
<html>
<meta http-equiv="Content-Type" content="text/
html; charset=utf-8" />
<head><title>转换大小写</title></head>
<body>
<p style="font-variant:normal">Happy BirthDay to
You</p>
<p style="font-variant:small-caps">Happy BirthDay
to You</p>
</body>
</html>
```

2 在Chrome中浏览效果

在Chrome中浏览效果如图所示，可以看到字母以大写形式显示。

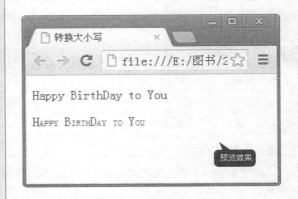

通过图中对两个属性值产生的效果进行比较可以看到，设置为normal属性值的文本以正常文本显示，而设置为small-caps属性值的文本中有稍大的大写字母，也有小的大写字母。也就是说，使用了small-caps属性值的段落文本全部变成了大写，只是大写字母的尺寸不同。

4.3.6 字体复合属性

读者可以根据需要自定义字体样式、字体颜色、字体粗细，并定义字体大小。但是，多个属性分别书写相对比较麻烦，HTML 5中提供的font属性就解决了这一问题。

font属性可以一次性使用多个属性的属性值定义文本字体。其语法格式如下所示。

    font:font-style font-variant font-weight font-szie font-family

font属性中的属性排列顺序是font-style、font-variant、font-weight、font-size和font-family，各属性的属性值之间使用空格隔开。但是，如果font-family属性要定义多个属性值，则需使用逗号（,）隔开。

属性排列中，font-style、font-variant和font-weight这三个属性值是可以自由调换的。而font-size和font-family则必须按照固定的顺序出现，还必须都出现在font属性中。如果这两者的顺序不对或缺少一个，那么，整条样式规则可能就会被忽略。

1 编写HTML代码

打开记事本，编写以下HTML代码，并保存为HTML格式的文件。

```
<!DOCTYPE html>
<html>
<meta http-equiv="Content-Type" content="text/html; charset=utf-8" />
<head><title>字体复合属性</title>
<style type=text/css>
p{
    font:normal small-caps bolder 25pt
"Cambria","Times New Roman",黑体
}
</style>
</head>
<body>
<p>
学习HTML 5标记语言，开发完美绚丽网站。
</p>
</body>
</html>
```

2 在Chrome中浏览效果

在Chrome中浏览效果如图所示，可以看到文字被设置成宋体并加粗。

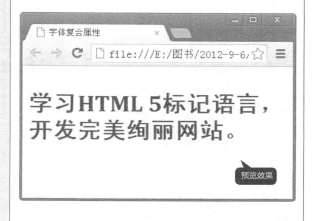

4.3.7 字体颜色

没有色彩的网页是枯燥而没有生机的，这就意味着一个优秀的网页设计者不仅要能够合理安排页面布局，而且还要具有一定的色彩视觉和色彩搭配能力。这样才能够使网页更加精美也更具表现力，并给浏览者以亲切感。

通常使用color属性来设置字体颜色。其属性值通常使用如下表所示方式设定。

属性值	说明
color_name	规定颜色值为颜色名称的颜色【例如 red】
hex_number	规定颜色值为十六进制值的颜色【例如 #ff0000】
rgb_number	规定颜色值为 rgb 代码的颜色【例如 rgb(255,0,0)】
inherit	规定应该从父元素继承颜色
hsl_number	规定颜色值为 HSL 代码的颜色【例如 hsl(0,75%,50%)】，此为新增加的颜色表现方式
hsla_number	规定颜色值为 HSLA 代码的颜色【例如 hsla(120,50%,50%,1)】，此为新增加的颜色表现方式
rgba_number	规定颜色值为 RGBA 代码的颜色【例如 rgba(125,10,45,0.5)】，此为新增加的颜色表现方式

1 编写HTML代码

打开记事本，编写以下HTML代码，并保存为HTML格式的文件。

```
<!DOCTYPE html>
<html>
<meta http-equiv="Content-Type" content="text/html; charset=utf-8" />
<head><title>字体颜色</title>
</head>
<body>
<h1 style="color:#033">页面标题</h1>
<p style="color:red">本段内容用于显示红色。
</p>
<p style="color:rgb(0,0,0)">此处使用rgb方式表示了一个蓝色文本。</p>
<p style="color:hsl(0,60%,30%)">此处使用新增的HSL函数，构建颜色。</p>
<p style="color:hsla(100,50%,50%,1)">此处使用新增加的HSLA函数，构建颜色。</p>
<p style="color:rgba(125,20,45,0.5)">此处使用新增加的RGBA函数，构建颜色。</p>
</body>
</html>
```

2 在Chrome中浏览效果

在Chrome中浏览效果如图所示，可以看到文字以不同颜色显示，并采用了不同的颜色取值方式。

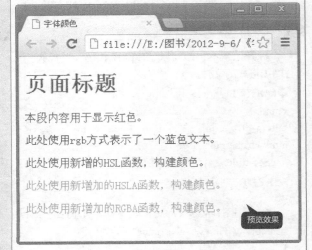

预览效果

4.3.8 阴影文本

在显示字体时，有时需要给出文字的阴影效果，以增强网页整体的吸引力，并且为文字阴影添加颜色。这时就需要用到text-shadow属性，其语法格式如下所示。

text-shadow：none | <length> none | [<shadow>,] * <opacity> 或none | <color> [, <color>]*

其属性值如下表所示。

属性值	说明
<color>	指定颜色
<length>	由浮点数字和单位标识符组成的长度值。可为负值。指定阴影的水平延伸距离
<opacity>	由浮点数字和单位标识符组成的长度值。不可为负值。指定模糊效果的作用距离。如果你仅仅需要模糊效果，则将前两个 length 全部设定为 0

text-shadow属性有四个属性值，最后两个是可选的，第一个值表示阴影的水平位移，可取正负值；第二个值表示阴影垂直位移，可取正负值；第三个值表示阴影模糊半径，该值可选；第四个值表示阴影颜色值，该值可选。具体如下所示。

text-shadow:阴影水平偏移值（可取正负值）；阴影垂直偏移值（可取正负值）；阴影模糊值；阴影颜色。

1 编写HTML代码

打开记事本，编写以下HTML代码，并保存为HTML格式的文件。

```
<!DOCTYPE html>
<html>
<meta http-equiv="Content-Type" content="text/html; charset=utf-8" />
<head><title>阴影文本</title>
</head>
<body>
<p align=center style="text-shadow:0.1em 3px 6px blue;font-size:80px;"> 春蚕到死丝方尽</br>
蜡炬成灰泪始干</p>
</body>
</html>
```

2 在Chrome中浏览效果

在Chrome中浏览效果如图所示，可以看到文字居中并带有阴影显示。

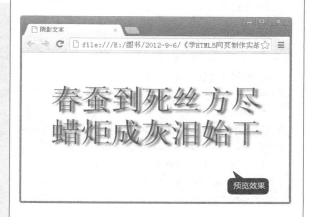

小提示

通过上面的实例，可以看出阴影偏移由两个length值指定到文本的距离。第一个长度值指定到文本右边的水平距离，负值会把阴影置放在文本左边。第二个长度值指定到文本下边的垂直距离，负值会把阴影置放在文本上边。在阴影偏移之后，可以指定一个模糊半径。

4.3.9 溢出文本

在网页显示信息时，如果指定显示区域宽度，而显示信息过长，其结果就是信息会撑破指定的信息区域，进而破坏整个网页布局。如果设定的信息显示区域过长，就会影响整体的网页显示。以前，我们遇到这样的情况，通常使用JavaScript将超出的信息进行省略。现在，只需使用新增的text-overflow属性，就可以解决这个问题。

text-overflow属性用来定义当文本溢出时是否显示省略标记，即定义省略文本的出来方式。text-overflow属性仅是注释，并不具备其他的样式属性定义。要实现溢出时产生省略号的效果还需定义：强制文本在一行内显示（white-space:nowrap）及溢出内容为隐藏（overflow:hidden），只有这样才能实现溢出文本显示省略号的效果。

text-overflow语法如下所示。

    text-overflow:clip | ellipsis

其属性值含义如下表所示。

属性值	说明
clip	不显示省略标记（…），而是简单地裁切
ellipsis	当对象内文本溢出时显示省略标记（…）

小提示

这里需要特别说明的是，text-overflow属性非常特殊，当设置的属性值不同时，其浏览器对text-overflow属性支持也不相同。当text-overflow属性值是clip时，现在主流的浏览器都支持；当text-overflow属性是ellipsis时，除了Firefox浏览器不支持，其他主流浏览器都支持。

1 编写HTML代码

打开记事本，编写以下HTML代码，并保存为HTML格式的文件。

```
<!DOCTYPE html>
<html>
<meta http-equiv="Content-Type" content="text/
html; charset=utf-8" />
<head><title>溢出文本</title></head>
<body>
<style type="text/css">
.test_demo_clip{text-overflow:clip; overflow:hidden;
white-space:nowrap; width:200px; background:#ccc;}
.test_demo_ellipsis{text-overflow:ellipsis;
overflow:hidden; white-space:nowrap; width:200px;
background:#ccc;}
</style>
<h2>text-overflow : clip </h2>
<div class="test_demo_clip">
不显示省略标记，而是简单的裁切条
</div>
<h2>text-overflow : ellipsis </h2>
<div class="test_demo_ellipsis">
显示省略标记，不是简单的裁切条
</div>
</body>
</html>
```

2 在Chrome中浏览效果

在Chrome中浏览效果如图所示，可以看到文字在指定位置被裁切，但ellipsis属性没有被执行。同时，ellipsis属性以省略号形式出现。

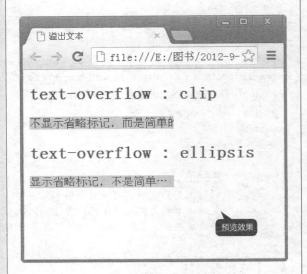

4.3.10 控制换行

当在一个指定区域显示一整行文字时，如果文字在一行显示不完，就需要进行换行。如果不进行换行，则会超出指定区域范围。此时我们可以采用新增加的word-wrap文本样式，来控制文本换行。

word-wrap语法格式如下所示。

word-wrap : normal | break-word

其属性值含义比较简单，如下表所示。

属性值	说明
normal	控制连续文本换行
break-word	内容将在边界内换行。如果需要，词内换行（word-break）也会发生

1 编写HTML代码

打开记事本，编写以下HTML代码，并保存为HTML格式的文件。

```html
<!DOCTYPE html>
<html>
<meta http-equiv="Content-Type" content="text/html; charset=utf-8" />
<head><title>控制换行</title></head>
<body>
<style type="text/css">
        div{ width:300px;word-wrap:break-word;border:1px solid #999999;}
</style>
<div>本文测试控制换行功能，可以使文本在指定框架中换行显示内容。</div><br>
<div>wordwrapbreakwordwordwrapbreakwordwordwrapbreakwordwordwrapbreakword</div><br>
<div>This is all English,This is all English,This is all English,This is all English,</div>
</body>
</html>
```

2 在Chrome中浏览效果

在Chrome中浏览效果如图所示，可以看到文字在指定位置被控制换行。

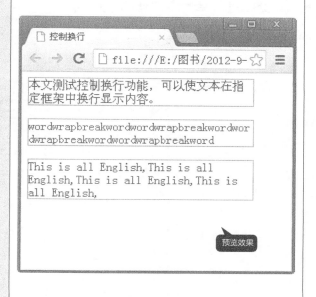

4.4 实例4——成才教育网文本设计

本节视频教学时间：6分钟

本章讲述了网页组成元素中最常用的文本。本实例将综合运用网页文本的设计方法，制作成才教育网的文本页面。

具体操作步骤如下。

在Dreamweaver CS 6中新建HTML文档，并修改成HTML 5标准，代码如下。

```html
<!DOCTYPE html>
<html >
<head>
<meta charset="utf-8" />
<title>成才教育网</title>
</head>
<body>
</body>
</html>
```

在body部分增加如下HTML代码，保存页面。

```html
<p><h2>成才教育</h2></p>
<p>成才教育成立于2003年，是一家专业致力于学生学习能力开发和培养、学习社区建设、课外辅
    导服务、家庭教育研究的新型综合教育服务机构。自成立起，一直专业致力于初高中学生的课外辅
    导和学习能力的培养。</p>
<h3>教学模式</h3>
```

<p>为学生量身定制最佳的学习方案，改善学习方法，充分挖掘学生们的智力潜能，激发学习兴趣，培养学生的自学能力，辅导老师（以一线重点在校教师为主）对学生设计适合学生的辅导教案与作业习题</p>
<h3>教学特色</h3>
分析学科不足制定辅导计划；
特级名师高考难点点睛；
专人陪读随时解除疑难；
专业学科导师一对一面授学科知识、解题技巧、学习方式。

使用Firefox打开文件，预览效果如图所示。

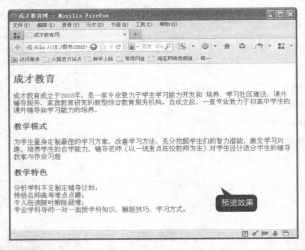

举一反三

本章学习了HTML 5标记语言的基本框架，且支持对基本框架的简化。使用简化的基本框架，模拟上述案例将以下诗词做成网页。

> 《黄鹤楼送孟浩然之广陵》
> 作者：李白
> 故人西辞黄鹤楼，烟花三月下扬州。
> 孤帆远影碧空尽，惟见长江天际流。

需要注意的是，在进行代码简化时只能简化基本的结构标记，并且尽量成对省去。

高手私房菜

技巧：换行标记和段落标记的区别

换行标记是单标记，不能写结束标记。段落标记是双标记，可以省略结束标记也可以不省略。默认情况下，段落之间的距离和段落内部的行间距是不同的，段落间距比较大，行间距比较小。HTML无法调整段落间距和行间距，如果希望调整它们，就必须使用CSS。在Dreamweaver CS 6的设计视图下，按下【Enter】键可以快速换段，按下【Shift+Enter】组合键可以快速换行。

第5章

网页色彩和图片设计

 本章视频教学时间：41 分钟

网页要给访客带来舒适愉悦的感觉，漂亮的网页色彩搭配和图片设计就显得尤为重要。而且网页的目的是更好地向访客传达信息，使用醒目直观的图片往往比单调的文字更有表现力和说服力。

【学习目标】

通过本章的学习，了解在网页中插入图片的方法。

【本章涉及知识点】

了解网页色彩与图片的关系

掌握网页图像的应用

熟悉制作茂森房地产广告网页的方法

5.1 网页色彩与图片的关系

本节视频教学时间：2分钟

　　网页的色彩搭配是提高网页审美和受欢迎程度的关键，精美的色彩搭配可以抓住访客的眼球，也可以更好地表现网页主题内容。

　　俗话说"一图胜千言"。图片是网页中不可缺少的元素，巧妙地在网页中使用图片可以为网页增色不少。网页支持多种图片格式，并且可以对插入的图片设置宽度和高度。

　　网页中的图片并不仅仅局限于一张漂亮的风景图，或一张新闻图。在网页中很多小的元素都可以用图片呈现，如网站logo、网页导航栏背景、网页页面背景、网页模块边框。在编辑网页时，合理搭配这些小的元素可以使网页的页面效果更具吸引力。

　　在进行网页色彩搭配时也并非插入图片就可以，图片的插入也要有选择性、有设计性。构成网页整体框架的图片要色调搭配合理，且网页中图片的色彩风格和网站本身的主题要相符合。

5.2 实例1——网页图像的应用

本节视频教学时间：28分钟

　　在网页中可以应用图片美化网页，有关网页图像的具体内容介绍如下。

5.2.1 网页图片格式的选择

　　图像在网页中具有画龙点睛的作用，它能装饰网页，表达个人的情调和风格。但在网页中加入的图片越多，浏览的速度就会受到影响，导致用户失去耐心而离开页面。网页中使用的图像可以是GIF、JPEG、BMP、TIFF、PNG等格式的图像文件，其中使用最广泛的是GIF和JPEG两种格式。

　　GIF格式是由Compuserve公司提出的与设备无关的图像存储标准，也是Web上使用最早、应用最广泛的图像格式，它通过减少组成图像每个像素的储存位数和LZH压缩存储技术来减小图像文件的大小。GIF格式最多只能是256色的图像。GIF具有图像文件短小、下载速度快、低颜色数下GIF比JPEG装载得更快、可用许多具有同样大小的图像文件组成动画等优点，在GIF图像中可指定透明区域，使图像具有非同一般的显示效果。

　　JPEG格式是目前Internet中最受欢迎的图像格式，可支持多达16M颜色，能展现丰富生动的图像，还能进行压缩。但压缩方式是以损失图像质量为代价，压缩比越高图像质量损失越大，图像文件也就越小。流行的Windows支持的位图BMP格式的图像，一般情况下同一图像的BMP格式的大小是JPEG格式的5~10倍。而GIF格式最多只能是256色，因此载入256色以上图像的JPEG格式成了Internet中最受欢迎的图像格式。

当网页中需要载入一个较大的GIF或JPEG图像文件时，装载速度会很慢。为改善网页的视觉效果，可在载入时设置为隔行扫描。隔行扫描在显示图像开始看起来非常模糊，接着细节会逐渐添加上去直到图像完全显示出来。

GIF是支持透明、动画的图片格式，但只有256色。JPEG是一种不支持透明和动画的图片格式，但是色彩模式比较丰富，保留了大约1670万种颜色。

注意：网页中现在也有很多PNG格式的图片。PNG图片具有不失真、兼有GIF和JPG的色彩模式、网络传输速度快、支持透明图像制作的特点，近年来在网络中也很流行。

5.2.2 使用路径

HTML文档支持文字、图片、声音、视频等媒体格式。但是在这些格式中，除了文本是写在HTML中的，其他都是嵌入式的，即HTML文档只记录了这些文件的路径。这些媒体信息能否正确显示，路径至关重要。

路径的作用是定位一个文件的位置。文件的路径可以有两种表述方法，以当前文档为参照物表示文件的位置，即相对路径；以根目录为参照物表示文件的位置，即绝对路径。

为了方便讲述绝对路径和相对路径，现有目录结构如图所示。

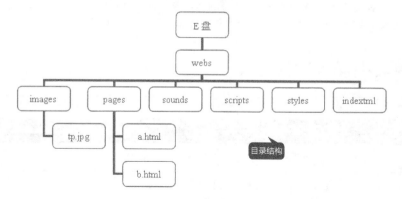

1. 绝对路径

例如，在E盘的webs目录下的images下有一个tp.jpg图像，那么它的路径就是E:\webs\imags\tp.jpg，像这种完整地描述文件位置的路径就是绝对路径。如果将图片文件tp.jpg插入网页index.html，绝对路径表示方式如下。

E:\webs\imags\tp.jpg

如果使用了绝对路径E:\webs\imags\tp.jpg进行图片链接，那么在本地电脑中将一切正常，因为在E:\webs\imags下确实存在tp.jpg这个图片。如果将文档上传到网站服务器上，就不会正常了，因为服务器给你划分的存放空间可能在E盘其他目录中，也可能在D盘其他目录中。为了保证图片正常显示，必须从webs文件夹开始，放到服务器或其他电脑的E盘根目录下。

通过上述讲解，读者会发现，如果链接的资源是本站点内的，使用绝对路径对位置要求非常严格。因此，链接本站内的资源不建议采用绝对路径。如果链接其他站点的资源，则必须使用绝对路径。

2. 相对路径

如何使用相对路径设置上述图片呢？所谓相对路径，顾名思义就是以当前位置为参考点，自己相对于目标的位置。例如，在index.html中链接tp.jpg就可以使用相对路径。index.html和tp.jpg图片的路径根据上述目录结构图可以这样来定位：从index.html位置出发，它和images属于同级，路径是通的，因此可以定位到images，而images的下级就是tp.jpg。使用相对路径表示图片如下。

images/tp.jpg

使用相对路径，不论将这些文件放到哪里，只要tp.jpg和index.html文件的相对关系没有变就不会出错。

在相对路径中，".."表示上级目录，"../.."表示上级的上级目录，依此类推。例如，将tp.jpg图片插入a.html文件中，使用相对路径表示如下。

../images/tp.jpg

这时细心的读者会发现，路径分隔符使用了"\"和"/"两种，其中"\"表示本地分隔符，"/"表示网络分隔符。因为网站制作好肯定是在网络上运行的，因此要求使用"/"作为路径分隔符。

有的读者可能会有这样的疑惑：一个网站有许多链接，怎么能保证它们的链接都正确，如果调整了一下图片或网页的存储路径，那不是全乱了吗？如何提高工作效率呢？

小提示

Dreamweaver工具的站点管理功能，不但可以将绝对路径自动地转化为相对路径，并且当在站点中改动文件路径时，与这些文件关联的链接路径都会自动更改。

5.2.3 网页中插入图像标记

图像可以美化网页，插入图像使用单标记<img>。img标记的属性及描述如下表所示。

属性	值	描述
alt	text	定义有关图形的短的描述
src	URL	要显示的图像的 URL
height	pixels %	定义图像的高度
ismap	URL	把图像定义为服务器端的图像映射
usemap	URL	定义作为客户端图像映射的一幅图像。请参阅 <map> 和 <area> 标签，了解其工作原理
vspace	pixels	定义图像顶部和底部的空白。不支持。请使用 CSS 代替
width	pixels %	设置图像的宽度

5.2.4 设置图像源文件

src属性用于指定图片源文件的路径，是img标记必不可少的属性。其语法格式如下。

<img src="图片路径">

图片的路径可以是绝对路径，也可以是相对路径。下面的实例是在网页中插入图片。

<table>
<tr><td>

1 编写网页代码

新建记事本，编写以下网页代码，并保存为HTML文件。

```
<!DOCTYPE html>
<html>
<head>
<title>插入图片</title>
</head>
<body>
<img src="images/女孩.jpg">
</body>
</html>
```

</td><td>

2 使用Firefox打开网页文件

使用Firefox打开编辑好的网页文件，预览效果如图所示。

</td></tr>
</table>

5.2.5 设置图像在网页中的宽度和高度

在HTML文档中，插入的图片一般是按原始尺寸显示，但也可以任意设置显示尺寸。设置图像尺寸分别用属性width（宽度）和height（高度）。

具体内容介绍如下。

<table>
<tr><td>

1 编写网页代码

新建记事本，编写以下网页代码，并保存为HTML文件。

```
<!DOCTYPE html>
<html>
<head>
<title>插入图片</title>
</head>
<body>
<img src="images/女孩.jpg">
<img src="images/女孩.jpg" width="200">
<img src="images/女孩.jpg" width="200"
height="200">
</body>
</html
```

</td><td>

2 使用Firefox打开网页文件

使用Firefox打开编辑好的网页文件，预览效果如图所示。

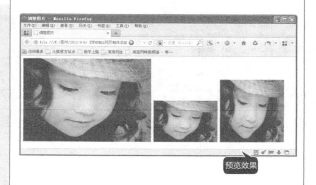

</td></tr>
</table>

由图可以看到，图片的显示尺寸是由width（宽度）和height（高度）控制的。当只为图片设置一个尺寸属性时，另外一个尺寸就以图片原始的长宽比例来显示。图片的尺寸单位可以选择百分比或数值，百分比为相对尺寸，数值为绝对尺寸。

注意：在网页中插入的图像都是位图，放大尺寸后，图像会出现马赛克而变得模糊。

小提示

在Windows中查看图片的尺寸，只需找到图像文件，把光标移动到图像上，停留几秒后就会出现一个提示框，说明图像文件的尺寸。尺寸后显示的数字，代表图像的宽度和高度，如256×256。

5.2.6 设置图像的提示文字

图像的提示文字有两种：一是当浏览网页时，如果图像下载完成，将指针放在该图像上，光标旁边会出现提示文字，为图像添加说明性文字；二是如果图像没有成功下载，在图像的位置上就会显示提示文字。

随着互联网技术的发展，网速已经不是制约因素，因此一般都能成功下载图像。现在alt还有另外一个作用，在百度、google等大搜索引擎中，搜索图片不如文字方便。如果给图片添加适当提示，可以方便搜索引擎的检索。

下面的实例将为图片添加提示文字效果。

1 **编写网页代码**

新建记事本，编写以下网页代码，并保存为HTML文件。

```
<!DOCTYPE html>
<html>
<head>
<title>图片文字提示</title>
</head>
<body>
<img src="images/女孩.jpg" alt="美丽的童年下载
失败" title="美丽的童年">
</body>
</html>
```

2 **使用Firefox打开网页文件**

使用Firefox打开编辑好的网页文件，图片加载成功，用户将光标放在图片上，即可看到title后的提示文字"美丽的童年"。

预览效果

小提示

如果图片没有下载成功，即可看到alt后的提示文字"美丽的童年下载失败"，如右图所示。

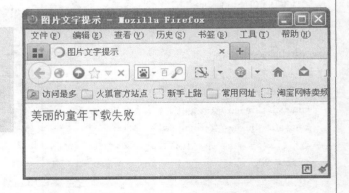

5.3 实例2——制作茂森房地产广告网页

本节视频教学时间：11分钟

本章讲述了网页组成元素中最常用的图片设计。本综合实例是创建一个由文本和图片构成的房屋装饰效果网页，如图所示。

小区规划鸟瞰图

海边别墅效果图

城市商圈全景图

商业办公楼效果图

具体操作步骤如下。

1 新建HTML文档

在Dreamweaver CS5.5中新建HTML文档，并修改成HTML 5标准，代码如下。

```
<!DOCTYPE html>
<html >
<head>
<title>房地产建筑效果图</title>
</head>
<body>
</body>
</html>
```

2 在body部分增加代码

在body部分增加如下HTML代码，并保存页面。

```
<h1>茂森房地产</h1>
<p> <img src="images/1.jpg" width="300"
height="200"/><br />
小区规划鸟瞰图</p>
<hr/>
<p> <img src="images/2.jpg" width="300"
height="200"/><br />
海边别墅效果图</p>
<hr/>
<p> <img src="images/3.jpg" width="300"
height="200"/><br />
城市商圈全景图</p>
<hr/>
<p> <img src="images/4.jpg" width="300"
height="200"/><br />
商业办公楼效果图</p>
<hr />
```

小提示

<hr>标记的作用是定义内容中的主题变化，并显示为一条水平线，在HTML 5中它没有任何属性。

另外，快速插入图片及设置相关属性，可以借助Dreamweaver cs5.5的插入功能，或按下【CTRL+ALT+I】组合键。

高手私房菜

技巧1：无序列表<ul>元素的作用

无序列表元素主要用于条理化和结构化文本信息。在实际开发中，无序列表在制作导航菜单时使用广泛。导航菜单的结构一般都使用无序列表实现。

技巧2：在浏览器中图片无法显示怎么办

图片在网页中属于嵌入对象，网页只是保存了指向图片的路径。浏览器在解释HTML文件时，会按指定的路径去寻找图片，如果在指定的位置不存在图片，就无法正常显示。为了保证图片的正常显示，制作网页时需要注意以下几点。

(1) 图片格式一定是网页支持的；

(2) 图片的路径一定要正常，并且图片文件扩展名不能省略；

(3) HTML文件位置发生改变时，图片一定要跟着改变，即图片位置和HTML文件位置始终保持相对一致。

技巧3：在表格中加入颜色和图像

根据HTML相关规范，表格不具有任何颜色属性。然而值得庆幸的是，Netscape和Microsoft都扩展了HTML来让表格具有自己的背景色，两种浏览器都能识别＜TABLE＞标识符的BGCOLOR属性。

读者可以使用颜色名或RGB值来设定BGCOLOR的值，下面的例子说明了这个属性的用法。

```
< HTML >
< HEAD >  < TITLE > Table Color  </TITLE >  </HEAD >
< BODY BGCOLOR="white"  >
< CENTER >
< TABLE BGCOLOR="lightblue"  CELLPADDING=10 >
< TR >
< TD > I have a blue background  </TD >
</TR >
</TABLE >
</CENTER >
</BODY >
</HTML >
```

当这个例子中的文字在浏览器上显示时，它处于一个浅蓝色的框中，这对于突出主页上主体文字中某些特定的文本是很有用的。例如，你可以使用这种方法来突出一个引用、标题或网页上一个简短的注释。你也可以为表格中某一行甚至某一个表项使用BGCOLOR属性，如可以用不同的颜色来区分表格中不同列的数据。

BGCOLOR属性一个更令人兴奋的用处可能是设置网页的整体颜色，如果你将表格的宽度设为屏幕的宽度，就可以建立一个具有多列的网页，而每一列都具有不同的颜色。

第6章

网页列表与段落设计

 本章视频教学时间：1 小时 18 分钟

在网页中文字列表和段落是最常见的内容之一。文字列表可分为有序和无序两种，而段落设计有文字格式设计、间隔、缩进、对齐方式、文字修饰等内容。本章将详细介绍这两部分的设计内容。

【学习目标】

通过本章的学习，了解网页列表和段落的设计方法。

【本章涉及知识点】

掌握网页文字列表设计的方法

掌握设置网页段落格式的方法

熟悉制作图文混排型旅游网页的方法

6.1 实例1——网页文字列表设计

本节视频教学时间：13分钟

文字列表可以有序地编排一些信息资源，使其结构化和条理化，并以列表的样式显示出来，以便浏览者能更快捷地获得相应信息。HTML中的文字列表就如同文字编辑软件Word中的项目符号和自动编号。

6.1.1 建立无序列表

无序列表相当于Word中的项目符号，其项目排列没有顺序，只以符号作为分项标识。无序列表使用一对标记\<ul>\</ul>，其中每一个列表项使用\<li>\</li>，结构如下所示。

```
<ul>
<li>无序列表项</li>
<li>无序列表项</li>
<li>无序列表项</li>
</ul>
```

在无序列表结构中，使用\<ul>\</ul>标记表示一个无序列表的开始和结束，\<li>则表示一个列表项的开始。在一个无序列表中可以包含多个列表项，并且\<li>可以省略结束标记。

1 编写HTML代码

打开记事本，编写以下HTML代码，并保存为HTML格式的文件。

```
<!DOCTYPE html>
<html>
<head>
<title>嵌套无序列表的使用</title>
</head>

<body>
<h1>HTML网页制作实战</h1>
<ul>
  <li>HTML 5概述</li>
  <li>HTML 5基本语法
   <ul>
    <li>WEB标准</li>
    <li>HTML基本结构</li>
   </ul>
  </li>
  <li>网页文本与色彩设计
 <ul>
        <li>添加文本</li>
    <li>文本排版</li>
    <li>添加图片</li>
    <li>图片调整</li>
   </ul>
  </li>
  <li> 网页列表与段落设计
   <ul>
    <li>网页文字列表设计</li>
    <li>网页文本段落设计</li>
   </ul>
  </li>
  <li>……</li>
</ul>
</body>
</html>
```

2 使用Firefox打开文件

使用Firefox打开文件，预览效果如图所示。读者会发现，无序列表项中可以嵌套一个列表。如代码中的"HTML 5基本语法"列表项中有下级列表，因此在这对\<li>\</li>标记间又增加了一对\<ul>\</ul>标记。

6.1.2 建立有序列表

有序列表类似于Word中的自动编号功能，其使用方法和无序列表的使用方法基本相同。它使用标记<ol></ol>，每一个列表项前使用<li></li>。每个项目都有前后顺序之分，多数用数字表示。其结构如下。

```
<ol>
  <li>第1项</li>
  <li>第2项</li>
  <li>第3项</li>
</ol>
```

下面实例使用有序列表实现文本的排列显示。

1 编写HTML代码

打开记事本，编写以下HTML代码，并保存为HTML格式的文件。

```
<!DOCTYPE html>
<html>
<head>
<title>有序列表的使用</title>
</head>
<body>
<h1>设置网页文本段落</h1>
<ol>
  <li>单词间隔 </li>
  <li>字符间隔</li>
  <li>文字修饰</li>
  <li>垂直对齐方式</li>
  <li>文本转换</li>
  <li>水平对齐方式</li>
<li>……</li>
</ol>
</body>
</html>
```

2 使用Firefox打开文件

使用Firefox打开文件，预览效果如图所示。读者可以看到添加的有序列表。

6.2 实例2——设置网页段落格式

本节视频教学时间：59分钟

网页由文字组成，而用来表达同一个意思的多个文字组合可以称为段落。段落是文章的基本单位，同样也是网页的基本单位。段落的放置与效果的显示会直接影响到页面的布局及风格。在HTML 5中有关文本段落的格式设置需要靠CSS样式来实现，CSS样式表提供了文本属性以实现对页面中段落文本的控制。

6.2.1 单词间隔

单词间隔如果设置合理，一是会为整个网页布局节省空间，二是可以给人以赏心悦目的感觉，提高阅读效率。在CSS中，可以使用word-spacing直接定义指定区域或者段落中字符的间隔。

word-spacing属性用于设定词与词的间距，即增加或者减少词与词的间隔。其语法格式如下所示。

word-spacing : normal | length

其中，属性值normal和length的含义如下表所示。

属性值	说明
normal	默认，定义单词之间的标准间隔
length	定义单词之间的固定宽带，可以接受正值或负值

1 编写HTML代码

打开记事本，编写以下HTML代码，并保存为HTML格式的文件。

```
<!DOCTYPE html>
<html>
<head>
<title>单词间隔</title>
</head>
<body>
<p style="word-spacing:normal">Welcome to Beijing!</p>
<p style="word-spacing:10px">Welcome to Beijing!</p>
<p style="word-spacing:10px">北京欢迎您!</p>
</body>
</html>
```

2 使用Firefox打开文件

使用Firefox打开文件，预览效果如图所示。读者可以看到段落中单词以不同间隔显示。

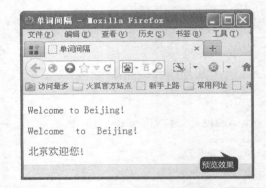

小提示

从上面显示结果可以看出，word-spacing属性不能用于设定文字的间隔。

6.2.2 字符间隔

在一个网页中，还可能涉及多个字符文本，将字符文本的间距设置得和词间隔保持一致，进而保持页面的整体性，是网页设计者必须完成的。词与词之间可以通过word-spacing进行设置，那么字符之间使用什么设置呢？

通过letter-spacing样式可以设置字符文本之间的距离。即在文本字符之间插入多少空间，这里允许使用负值，这会让字母之间更加紧凑。其语法格式如下所示。

letter-spacing : normal | length

其属性值含义如下表所示。

属性值	说明
normal	默认间隔，即以字符的标准间隔显示
length	由浮点数字和单位标识符组成的长度值，允许为负值

1 编写HTML代码

打开记事本，编写以下HTML代码，并保存为HTML格式的文件。

```
<!DOCTYPE html>
<html>
<head>
<title>字符间隔</title>
</head>
<body>
<p style="letter-spacing:normal">Welcome to
Beijing!</p>
<p style="letter-spacing:10px">Welcome to
Beijing!</p>
<p style="letter-spacing:2ex">设置字符间距为
2ex</p>
<p style="letter-spacing:-0.5ex">设置字符间距为
-0.5ex</p>
<p style="letter-spacing:2em">设置字符间距为
2em</p>
</body>
</html>
```

2 使用Firefox打开文件

使用Firefox打开文件，可以看到文字间距以不同大小显示。

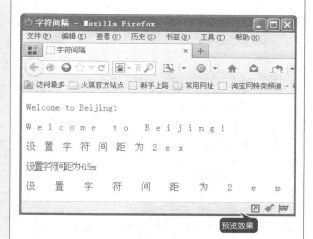

预览效果

小提示

从上述代码中可以看出，通过letter-spacing定义了多个字间距的效果。特别注意，当设置的字间距是-0.5ex时，所有文字就会拥挤到一块。

6.2.3 文字修饰

在网页文本编辑中有的文字需要突出重点，即告诉读者这段文本的重要作用，这时往往会增加下画线，或者增加上画线和删除线效果，从而吸引读者的眼球。可以使用text-decoration文本修饰属性为页面提供多种文本的修饰效果，如下画线、删除线、闪烁等。

text-decoration属性语法格式如下所示。

text-decoration:none||underline||blink||overline||line-through

其属性值含义如下表所示。

属性值	说明
none	默认值，对文本不进行任何修饰
underline	下画线
overline	上画线
line-through	删除线
blink	闪烁

1 编写HTML代码

打开记事本，编写以下HTML代码，并保存为HTML格式的文件。

```
<!DOCTYPE html>
<html>
<head>
<title>文字修饰</title>
</head>
<body>
<p style="text-decoration:none">悠悠中华五千年!</p>        //无文字修饰
<p style="text-decoration:underline">悠悠中华五千年!</p>  //添加文字下划线
<p style="text-decoration:overline">悠悠中华五千年!</p>   //添加文字上划线
<p style="text-decoration:line-through">悠悠中华五千年!</p>  //添加文字删除线
<p style="text-decoration:blink">悠悠中华五千年!</p>        //添加文字闪烁效果
</body>
</html>
```

2 使用Firefox打开文件

使用Firefox打开文件，可以看到段落中出现了下画线、上画线和删除线等。

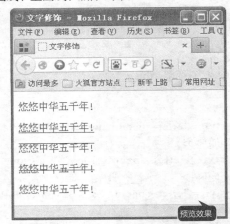

预览效果

小提示

这里需要注意的是，blink闪烁效果只有Mozilla和Netscape浏览器支持，而IE和其他浏览器（如Opera）都不支持。

6.2.4 垂直对齐方式

在网页文本编辑中，对齐有很多方式，字行排在一行的中央位置叫"居中"，文章的标题和表格中的数据一般都居中排。有时还要求文字垂直对齐，即文字顶部对齐或者底部对齐。

在CSS中可以直接使用vertical-align属性来设定垂直对齐方式。该属性定义行内元素的基线相对于该元素所在行的基线的垂直对齐。允许指定负长度值和百分比值，这会使元素降低而不是升高。在表单元格中，这个属性会设置单元格框中单元格内容的对齐方式。

vertical-align属性语法格式如下所示。

> {vertical-align:属性值}

vertical-align属性值有9个预设值可使用，也可以使用百分比，如下表所示。

属性值	说明
baseline	默认。元素放置在父元素的基线上
sub	垂直对齐文本的下标
super	垂直对齐文本的上标
top	把元素的顶端与行中最高元素的顶端对齐
text-top	把元素的顶端与父元素字体的顶端对齐
middle	把此元素放置在父元素的中部
bottom	把元素的顶端与行中最低元素的顶端对齐
text-bottom	把元素的底端与父元素字体的底端对齐
length	设置元素的堆叠顺序
%	使用 "line-height" 属性的百分比来排列此元素。允许使用负值

1 编写HTML代码

打开记事本，编写以下HTML代码，并保存为HTML格式的文件。

```
<!DOCTYPE html>
<html>
<head>
<title>文字修饰</title>
</head>
<body>
<p>
中国<b style=" font-size:8pt;vertical-align:super">2012</b>神农架<b style="font-size:8pt;vertical-align: sub">[注]</b>是一个充满神奇色彩的美丽的地方！！
<img src="images/1.gif" style="vertical-align:baseline">
</p>
<p>
中国<b style=" font-size:8pt;vertical-align:100%">2012</b>万里长城<b style="font-size:8pt;vertical-align: -100%">[注]</b>是雄伟壮观的历史遗迹！！
<img src="images/2.gif" style="vertical-align:middle"/>
<img src="images/2.gif" style="vertical-align:text-top">
<img src="images/2.gif" style="vertical-align:bottom">
<img src="images/2.gif" style="vertical-align:text-bottom">
</p>
</body>
</html>
```

2 使用Firefox打开文件

使用Firefox打开文件，可以看到文字在垂直方向以不同的对齐方式显示。

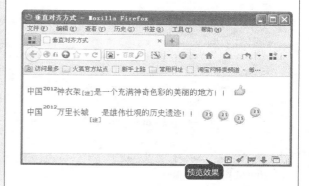

预览效果

小提示

vertical-align属性值还能使用百分比来设定垂直高度，该高度具有相对性，是基于行高的值来计算的。而且百分比还能使用正负号，正百分比使文本上升，负百分比使文本下降。

从上面的实例中，可以看出上下标在页面中的数学运算或注释标号使用得比较多。顶端对齐有两种参照方式，一种是参照整个文本块，另一种是参照文本。底部对齐同顶端对齐方式相同，分别参照文本块和文本块中包含的文本。

6.2.5 文本转换

根据需要，将小写字母转换为大写字母，或者将大写字母转换为小写字母，在文本编辑中都是很常见的。使用text-transform属性可用于设定文本字体的大小写转换。

text-transform属性语法格式如下所示。

text-transform : none | capitalize | uppercase | lowercase

其属性值含义如下表所示。

属性值	说明
none	无转换发生
capitalize	将每个单词的第一个字母转换成大写，其余无转换发生
uppercase	转换成大写
lowercase	转换成小写

因为文本转换属性仅作用于字母型文本，相对来说比较简单。

1 编写HTML代码

打开记事本，编写以下HTML代码，并保存为HTML格式的文件。

```
<!DOCTYPE html>
<html>
<head>
<title>文字转换</title>
</head>
<body>
<body>
  <p style="text-transform:none">we are good
friends</p>
  <p style="text-transform:capitalize">we are good
friends</p>
  <p style="text-transform:uppercase">we are good
friends</p>
  <p style="text-transform:lowercase">WE ARE
GOOD FRIENDS</p>
</body>
</html>
```

2 使用Firefox打开文件

使用Firefox打开文件，可以看到字母依照设置显示大小写。

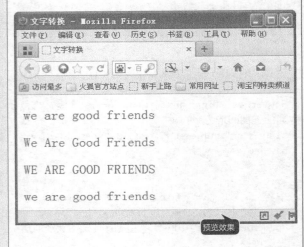

预览效果

6.2.6 水平对齐方式

一般情况下，居中对齐适用于标题类文本，其他对齐方式可以根据页面布局来选择使用。根据需要可以设置多种对齐，如水平方向上的居中、左对齐、右对齐或者两端对齐等。可以通过text-align属性完成水平对齐设置。

text-align属性用于定义对象文本的对齐方式，其语法格式如下所示。

{ text-align: sTextAlign }

其属性值含义如下表所示。

属性值	说明
start	文本向行的开始边缘对齐
end	文本向行的结束边缘对齐
left	文本向行的左边缘对齐。在垂直方向的文本中，文本在 left-to-right 模式下向开始边缘对齐
right	文本向行的右边缘对齐。在垂直方向的文本中，文本在 left-to-right 模式下向结束边缘对齐
center	文本在行内居中对齐
justify	文本根据 text-justify 的属性设置方法分散对齐。即两端对齐，均匀分布
match-parent	继承父元素的对齐方式，但有个例外：继承的 start 或者 end 值是根据父元素的 direction 值进行计算的，因此计算的结果可能是 left 或者 right
<string>	string 是一个单个的字符，否则就忽略此设置。按指定的字符进行对齐。此属性可以跟其他关键字同时使用，如果没有设置字符，则默认值是 end 方式
inherit	继承父元素的对齐方式

在新增加的属性值中，start和end属性值主要是针对行内元素的，即在包含元素的头部或尾部显示；而<string>属性值主要用于表格单元格中，将根据某个指定的字符进行对齐。

1 编写HTML代码

打开记事本，编写以下HTML代码，并保存为HTML格式的文件。

```html
<!DOCTYPE html>
<html>
<head>
<title>水平对齐方式</title>
</head>
<body>
<body>
<h1 style="text-align:center">关山月</h1>
<h3 style="text-align:left">选自：唐诗三百首</h3>
<h3 style="text-align:right">作者：李白</h3>
<p style="text-align:justify">
明月出天山，苍茫云海间。<br>
长风几万里，吹度玉门关。<br>
汉下白登道，胡窥青海湾。<br>
由来征战地，不见有人还。
</p>
<p style="text-align:strat">戍客望边色，思归多苦
颜。</p>
<p style="text-align:end">高楼当此夜，叹息未应
闲。</p>
</body>
</html>
```

2 使用Firefox打开文件

使用Firefox打开文件，可以看到文字在水平方向上以不同的对齐方式显示。

text-align属性只能用于文本块，而不能直接用于图像标记<img>。如果要使图像同文本一样应用对齐方式，那么就必须将图像包含在文本块中。如上例，由于向右对齐方式作用于<h3>标记定义的文本块，图像包含在文本块中，所以图像能够同文本一样向右对齐。

小提示

默认只能定义两端对齐方式，并按要求显示，但对于具体的两端对齐文本如何分配字体空间以实现文本左右两边均对齐并未规定。这就需要设计者自行定义了。

6.2.7 文本缩进

在普通段落中，通常首行缩进两个字符，用来表示这是一个段落的开始。同样，在网页的文本编辑中可以通过指定属性来控制文本缩进。使用text-indent属性可以设定文本块中首行的缩进。

text-indent属性语法格式如下所示。

    text-indent : length

其中，length属性值表示有百分比数字或有由浮点数字和单位标识符组成的长度值，允许为负值。可以这样认为，text-indent属性可以定义两种缩进方式，一种是直接定义缩进的长度，另一种是定义缩进的百分比。

使用该属性，HTML任何标记都可以让首行以给定的长度或百分比进行缩进。

1 编写HTML代码

打开记事本，编写以下HTML代码，并保存为HTML格式的文件。

```
<!DOCTYPE html>
<html>
<head>
<title>文本缩进</title>
</head>
<body>
这是一行默认文本。
<p style="text-indent:10mm">指定首行缩进10mm。 </p>
<p style="text-indent:10%">首行缩进到当前行的百分之十。</p>
</body>
</html>
```

2 使用Firefox打开文件

使用Firefox打开文件，可以看到文字以不同的首行缩进方式显示。

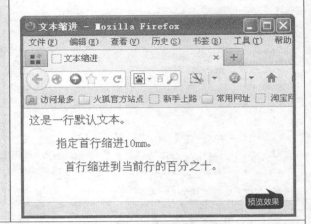

预览效果

6.2.8 文本行高

在CSS中，line-height属性用来设置行间距，即行高。其语法格式如下所示。

```
line-height : normal | length
```

其属性值的具体含义如下表所示。

属性值	说明
normal	默认行高，即网页文本的标准行高
length	百分比数字或由浮点数字和单位标识符组成的长度值，允许为负值。其百分比取值是基于字体的高度尺寸

1 编写HTML代码

打开记事本，编写以下HTML代码，并保存为HTML格式的文件。

```
<!DOCTYPE html>
<html>
<head>
<title>文本行高</title>
</head>
<body>
<p style="line-height:50px">
文字列表可以有序地编排一些信息资源，使其结构化和条理化，并以列表的样式显示出来，以便浏览者能更加快快捷地获得相应信息。HTML中的文字列表如同文字编辑软件word中的项目符号和自动编号。
</p>
<p style="line-height:70%">
文字列表可以有序地编排一些信息资源，使其结构化和条理化，并以列表的样式显示出来，以便浏览者能更加快快捷地获得相应信息。HTML中的文字列表如同文字编辑软件word中的项目符号和自动编号。
</p>
</body>
</html>
```

2 使用Firefox打开文件

使用Firefox打开文件，可以看到有段文字重叠在一起，即行高设置较小。

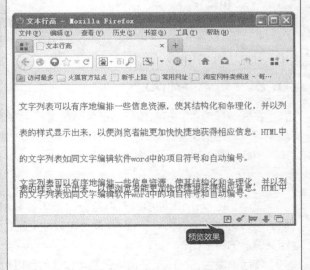

预览效果

6.2.9 处理空白

在文本编辑中，网页中有时需要包含一些不必要的制表符、换行符或者额外的空白符（多于单词之间一个标准的空格），这些符号统称为空白字符。通常情况下希望忽略这些额外的空白字符，浏览器可以自动完成此操作并按照一种适合窗口的方式布置文本。它会丢弃段落开头和结尾处任何额外的空白，并将单词之间的所有制表符、换行和额外的空白压缩(合并)成单一的空白字符。此外当用户调整窗口大小时，浏览器会根据需要重新格式化文本以便匹配新的窗口尺寸。对于某些元素，可能会以某种方式特意格式化文本以便包含额外的空白字符，而不希望抛弃或压缩它们。

使用white-space属性可以设置对象内空格字符的处理方式。该属性对文本的显示有着重要的影响。在标记上应用white-space属性，可以影响浏览器对字符串或文本间空白的处理方式。

white-space属性语法格式如下所示。

```
white-space :normal | pre | nowrap | pre-wrap | pre-line
```

1 编写HTML代码

打开记事本，编写以下HTML代码，并保存为HTML格式的文件。

```
<!DOCTYPE html>
<html>
<head>
<title>处理空白</title>
</head>
<body>
  <h1 style="color:red; text-align:center;white-space:pre">网 页 文 字 列 表 设 计</h1>
  <p style="white-space:nowrap;text-indent:10mm">
文字列表可以有序地编排一些信息资源，使其结构化和条理化，并以列表的样式显示出来，以便浏览者能更加快快捷地获得相应信息。<br>
  HTML中的文字列表如同文字编辑软件word中的项目符号和自动编号。
  </p>
  <p style="white-space:pre-wrap;text-indent:10mm">
文字列表可以有序地编排一些信息资源，使其结构化和条理化，
并以列表的样式显示出来，以便浏览者能更加快快捷地获得相应 信息。<br/>
HTML中的文字列表如同文字编辑软件word中的项目符号和自动编号。
  </p>
  <p style="white-space:pre-line;text-indent:10mm">
文字列表可以有序地编排一些信息资源，使其结构化和条理化，并以列表的样式显示出来，以便浏览者能更加快快捷地获得相应信息。<br>
  HTML中的文字列表如同文字编辑软件word中的项目符号和自动编号。
  </p>
</body>
</html>
```

2 使用Firefox打开文件

使用Firefox打开文件，可以看到文字处理空白的不同方式。

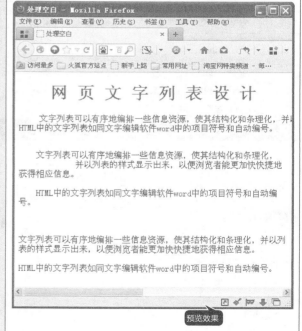

预览效果

white-space属性值含义如下表所示。

属性值	说明
normal	默认。空白会被浏览器忽略
pre	空白会被浏览器保留。其行为方式类似于 HTML 中的 `<pre>` 标签
nowrap	文本不会换行，而会在同一行上继续，直到遇到 ` ` 标签为止
pre-wrap	保留空白符序列，但是正常进行换行
pre-line	合并空白符序列，但是保留换行符
inherit	规定应该从父元素继承 white-space 属性的值

6.2.10 文本反排

在网页文本编辑中，通常英语文档的基本方向是从左至右。如果文档中某一段的多个部分包含从右至左阅读的语言，则该语言的方向将正确地显示为从右至左。使用unicode-bidi和direction两个属性可以解决文本反排的问题。

unicode-bidi属性语法格式如下所示。

```
unicode-bidi : normal | bidi-override | embed
```

其属性值含义如下表所示。

属性值	说明
normal	默认值。元素不会打开一个额外的嵌入级别。对于内联元素，隐式的重新排序将跨元素边界起作用
bidi-override	与 embed 值相同，但除了这一点外，在元素内重新排序依照 direction 属性严格按顺序进行。此值替代隐式双向算法
embed	元素将打开一个额外的嵌入级别。 direction 属性的值指定嵌入级别。重新排序在元素内是隐式进行的

direction属性用于设定文本流的方向，其语法格式如下所示。

```
direction : ltr | rtl | inherit
```

其属性值含义如下表所示。

属性值	说明
ltr	文本流从左到右
rtl	文本流从右到左
inherit	文本流的值不可继承

1 编写HTML代码

打开记事本，编写以下HTML代码，并保存为HTML格式的文件。

```
<!DOCTYPE html>
<html>
<head>
<title>文本反排</title>
</head>
<body>
<h2>文本反向排序显示</h2>
<p style=" direction:rtl; unicode-bidi:bidi-override;
text-align:left">静坐常思己过，闲谈莫论人非。
</p>
</body>
</html>
```

2 使用Firefox打开文件

使用Firefox打开文件，可以看到文字以反向显示。

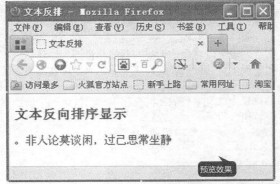

6.3 实例3——制作图文混排型旅游网页

本节视频教学时间：6分钟

在一个网页新闻中，出现最多的就是文字和图片，图文并茂能够生动地表达新闻主题。本实例将会利用前面介绍的文本和段落属性，创建一个图片的简单混排，具体步骤如下所示。复杂的图片混排，会在后面介绍。

第1步：分析要求

本综合实例要求在网页的最上方显示出标题，标题下方是正文，在正文部分显示图片。其实例效果如图所示。

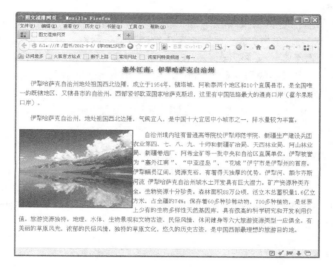

第2步：实现代码

(1) 打开记事本，编写HTML代码基本框架，具体如下。

```
<!DOCTYPE html>
<html>
<head>
<title>图文混排网页</title>
</head>
<body>
</body>
</html>
```

(2) 在<body>标签中插入网页标题设计代码，具体如下。

```
<h1 style="text-align:center;text-shadow:0.1em 2px 6px blue;font-size:18px">塞外江南：伊犁哈萨克自治州</h1>
```

(3) 在<body>标签中插入图片设计代码，具体如下。

```
<img src="images/3.jpg" style="text-align:center;width:300px; float:left; border:#000000 solid 2px">
```

(4) 在<body>标签中完善文字段落内容设计代码，具体如下。

```
<p style="text-indent:8mm;line-height:7mm">伊犁哈萨克自治州地处祖国西北边陲，成立于1954年，
辖塔城、阿勒泰两个地区和10个直属县市，是全国唯一的既辖地区、又辖县市的自治州。西部紧邻
欧亚国家哈萨克斯坦，这里有中国陆路最大的通商口岸（霍尔果斯口岸）。
</p>
<p style="text-indent:8mm;line-height:7mm">伊犁哈萨克自治州，地处祖国西北边陲，气候宜人，是
中国十大宜居中小城市之一，降水量较为丰富。</p>
<img src="images/3.jpg" style="text-align:center;width:300px; float:left; border:#000000 solid 2px">
<p style="text-indent:8mm;line-height:7mm">自治州境内驻有普通高等院校伊犁师范学院、新疆生产
建设兵团农业第四、七、八、九、十师和新疆矿冶局、天西林业局、阿山林业局、新疆卷烟厂、阿
希金矿等一批中央和自治区直属单位。伊犁被誉为"塞外江南"、"中亚湿岛"，"花城"伊宁市
是伊犁州的首府。<br>
伊犁幅员辽阔，资源充裕，有着得天独厚的优势。伊犁河、额尔齐斯河流 伊犁哈萨克自治州域水
土开发具有巨大潜力。矿产资源种类齐全。生物资源十分珍贵。森林面积88万公顷，活立木总蓄积
量1.6亿立方米，占全疆的74%；保存着60多种珍稀动物，700多种植物，是世界上少有的生物多样
性天然基因库，具有很高的科学研究和开发利用价值。旅游资源独特。地理、水体、生物景观和
文物古迹、民俗风情、休闲健身等六大旅游资源类型一应俱全。有美丽的草原风光，浓郁的民俗风
情，独特的草原文化，悠久的历史古迹，是中国西部最理想的旅游目的地。
</p>
```

(5) 保存编辑好的网页文件，保存名称为"图文混排网页.html"。

举一反三

目前支持HTML 5标记语言的浏览器很多，读者可以尝试安装Google Chrome和Opera浏览器，并使用它们对HTML 5标记语言编辑的网页进行查看。

 高手私房菜

技巧1：网页中空白的处理

注意不留空白。不要用图像、文本和不必要的动画GIFs来充斥网页，即使有足够的空间，在设计时也应该避免使用。

技巧2：文字和图片导航速度谁快

使用文字做导航栏。文字导航不仅速度快，而且更稳定。例如，有些用户上网时会关闭图片。在处理文本时，不要在普通文本上添加下画线或者颜色，除非特别需要。就像需要识别哪些能点击一样，读者不应当将本不能点击的文字误认为能够点击。

第 7 章

网页超链接设计

 本章视频教学时间：1 小时 44 分钟

链接是网页中比较重要的组成部分，是实现各个网页相互跳转的依据。本章主要讲述链接的概念和实现方法，并详细讲解文本链接、图像链接、锚记链接、电子邮件链接、空链接及脚本链接等的设置方法和应用。

【学习目标】

通过本章的学习，了解网页超链接的设计方法。

【本章涉及知识点】

掌握超文本和图片链接、创建下载链接的方法

熟悉使用相对路径和绝对路径的方法

掌握设置链接目标打开窗口的方法

掌握超文本链接到一个 E-mail 地址的方法

掌握使用锚链接制作电子书阅读网页的方法

掌握超文本链接到其他内容的方法

熟悉创建热点区域和浮动框架

7.1 实例1——创建超文本与图片链接

本节视频教学时间：28分钟

文本和图片是网页制作中使用最频繁也最主要的元素。为了实现跳转到与文本或图片相关内容的页面，往往需要为文本和图片添加链接。下面就来了解一下什么是文本与图片链接，及其实现方法。

1. 什么是文本和图像链接

浏览网页时，会看到一些带下画线的文字，将光标移到文字上时，光标将变成手形，单击会打开一个网页，这样的链接就是文本链接。

在网页中浏览内容时，若将光标移到图像上，光标将变成手形，单击会打开一个网页，这样的链接就是图像链接。

2. 创建链接的方法

使用<a>标签可以实现网页超链接，但<a>标签需要定义锚来指定链接目标。锚（anchor）有两种用法，介绍如下。

(1) 通过使用href属性，创建指向另外一个文档的链接（或超链接）；

(2) 通过使用name或id属性，创建一个文档内部的书签（也就是说，可以创建指向文档片段的链接）。

使用href属性的代码格式如下。

```
<a href="链接地址">创建链接的文本或图片</a>
```

使用name属性的代码格式如下。

```
<a name="value">创建链接的文本或图片</a>
```

name属性用于指定锚（anchor）的名称，可以创建（大型）文档内的书签。

使用id属性的代码格式如下。

```
<a id="value">创建链接的文本或图片</a>
```

3. 创建网页内的文本链接

创建网页内的文本链接主要使用href属性来实现，如在网页中做一些知名网站的友情链接。具体操作方法如下。

1 编写代码	2 使用Firefox打开文件
在记事本中编辑以下代码，并保存为HTML文件。	使用Firefox打开文件，预览效果如图所示，可以看到带有超链接的文本呈现浅紫色。

1 编写代码

在记事本中编辑以下代码，并保存为HTML文件。

```
<!DOCTYPE html>
<html>
<head>
<title>文本链接</title>
</head>
<body>
友情链接————
<a href="http://www.baidu.com">百度</a>
<a href="http://www.sina.com.cn">新浪</a>
<a href="http://www.163.com">网易</a></body>
</html>
```

> **小提示**
> 链接地址前的"http://"不可省略，否则会出现错误提示。

2 使用Firefox打开文件

使用Firefox打开文件，预览效果如图所示，可以看到带有超链接的文本呈现浅紫色。

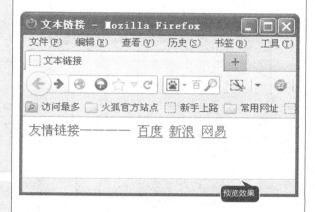

通过Dreamweaver可以使用多种方法来创建内部链接。可以使用站点地图查看、创建、更改和删除链接，或在文档窗口中选择【修改】▶【创建链接】菜单命令选择指向的文件；也可以使用【属性】面板来链接文件，单击【浏览文件】图标来选择文件；还可以使用【指向文件】图标来选择文件或直接输入文件路径。

使用【属性】面板创建网页内文本链接的具体步骤如下。

1 打开"index.html"文件

启动Dreamweaver CS 6，新建站点"我的站点"，将随书光盘中的"素材\ch07\企业门户网站"文件夹作为站点根文件夹，打开"index.html"文件。

2 打开【选择文件】对话框

选定导航栏"网站首页"这几个字，将其作为建立链接的文本。单击【属性】面板中的【浏览文件】图标，打开【选择文件】对话框。

| 3 | 选择网页文件 "index.htm" | 4 | 保存文档 |

在【选择文件】对话框中，选择网页文件 "index.htm"，单击【确定】按钮。

保存文档，按【F12】键在浏览器中预览效果。

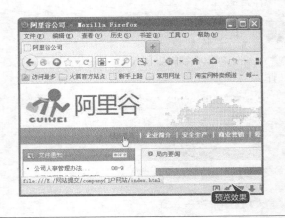

此外，还可以使用拖动的方法来创建链接。选定文本后，在【属性】面板中单击【指向文件】图标，将其拖动到【文件】面板中的网页 "index.htm" 上，然后释放鼠标，即可完成链接的建立。

也可以使用【属性】面板直接输入链接地址的方法来创建链接。选定文本后，选择【窗口】▶【属性】菜单命令，打开【属性】面板，然后在【链接】文本框中直接输入链接文件名 "index.htm" 即可。

在【属性】面板的【目标】下拉列表中，可以选择链接文档打开的框架，其中各选项的含义如下。

(1) _blank。将链接的文件载入一个未命名的新浏览器窗口中。

(2) _new。将链接的文件载入一个新浏览器窗口中。

(3) _parent。将链接的文件载入含有该链接的框架的父框架集或父窗口中。如果包含链接的框架不是嵌套的，链接文件则加载到整个浏览器窗口中。

(4) _self。将链接的文件载入该链接所在的同一框架或窗口中。此目标是默认的，所以通常不需要指定它。

(5) _top。将链接的文件载入整个浏览器窗口中，会删除所有的框架。

4. 创建网站内的图像链接

使用<a>标签为图片添加链接的代码格式如下。

<a href="链接目标"><img src="图片"/></a>

下面是一个简单的图片链接案例。

1　编辑代码

在记事本中编辑以下代码，并保存为HTML文件。

```
<!DOCTYPE html>
<html>
<head>
<title>图片链接</title>
</head>
<body>
音乐无限
<a href="mp3.html"><img src="1.jpg"/></a>
<br>
<br>
<br>
运动健身
<a href="tiyu.html"><img src="2.jpg"/></a>
</body>
</html>
```

小提示

文件中的图片要和当前网页文件在同一目录下，链接的网页没有加"http://"，默认为当前网页所在目录。

2　使用Firefox打开文件

使用Firefox打开文件，预览效果如图所示。光标放在图片上呈现抓手状，单击后可跳转到指定网页。

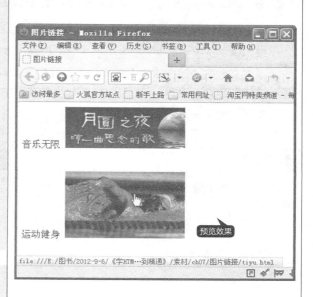

使用Dreamweaver同样可以创建图片超链接，利用【属性】面板创建图像链接的具体步骤如下。

1 打开【选择文件】对话框

打开随书光盘中的"素材\ch07\ 企业门户网站\index.html"文件，选定要创建链接的图像，然后单击【属性】面板中的【浏览文件】图标，打开【选择文件】对话框。

2 选择【文档】选项

在弹出的【选择文件】对话框中浏览并选择一个文件，在【相对于】下拉列表中选择【文档】选项，然后单击【确定】按钮。

7.2 实例2——创建下载链接

本节视频教学时间：6分钟

网页除了可以提供信息浏览之外，还可以提供资源下载，所以就需要下载链接。

下载文件的链接在软件下载网站或源代码下载网站中应用得较多。下载文件链接的创建方法与一般链接的创建方法相同，只是所链接的内容并非文字或网页，而是一个软件。

创建下载文件链接的具体步骤如下。

1 编辑代码

在记事本中编辑以下代码，并保存为HTML文件。

```
<!DOCTYPE html>
<html>
<head>
<title>下载链接</title>
</head>
<body>
<a href="wrar.exe">解压缩文件下载</a>
</body>
</html>
```

2 使用Firefox打开文件

在网页主目录下放入文件"wrar.exe"，使用Firefox打开，预览效果如图所示。

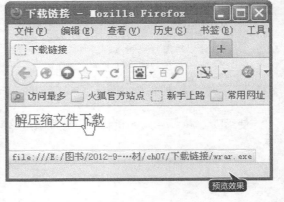

3 单击【保存文件】按钮	**4 弹出快捷菜单**
单击链接，弹出如图所示对话框，单击【保存文件】按钮。	自动打开Firefox下载页面，在文件上右键单击弹出快捷菜单，可以执行相关操作。

小提示

如果链接指向的文档类型不同，那么单击链接后出现的结果也不相同。如果是GIF、JPG或PNG图像，则会在浏览器窗口中载入图像。

7.3 实例3——使用相对路径和绝对路径

本节视频教学时间：11分钟

在超链接目标指定时，可以根据需求指定相对路径或绝对路径。

1. 相对路径

目标位置用相对于当前网页文件的位置来表示。下面举例说明相对路径的用法。

1 输入代码	**2 添加图片与子网页**
新建记事本，输入以下代码，并保存为index.html文件。	添加图片与子网页，网站站点目录结构如下。

```html
<!DOCTYPE html>
<html>
<head>
<title>相对路径</title>
</head>
<body>
音乐无限
<a href="mp3.html"><img src="images\1.jpg"/></a>
<br>
<br>
<br>
运动健身
<a href="tiyu.html"><img src="images\2.jpg"/></a>
</body>
</html>
```

目录结构

小提示

代码中链接目标地址分别为"mp3.html"和"tiyu.html"，属于相对引用，要求以上两个文件和主网页文件index.html在同一个目录下。代码中的两个图片也是采用的相对引用，要求两个图片在主网页所在目录下的images文件夹中。

使用Firefox打开index.html文件，预览效果如图所示。

 小提示

在使用相对路径做链接时，不要随便移动文件位置，以防止相对位置改变。

2. 绝对路径

目标位置用相对于磁盘或者网络的真实位置来表示。下面举例说明绝对路径的使用方法。

1 输入代码	**2 预览效果**
新建记事本，输入以下代码，并保存为index.html文件。	使用Firefox打开index.html文件，预览效果如图所示。

```
<!DOCTYPE html>
<html>
<head>
<title>绝对路径</title>
</head>
<body>
<a href="http://www.baidu.com">百度</a>
<a href="http://www.sina.com.cn">新浪</a>
<a href="http://www.163.com">网易</a>
</body>
</html>
```

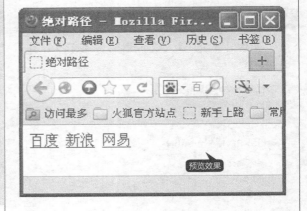

 小提示

其中目标地址是三个主流网站，完整名称是完整的url格式，即使用的是绝对路径。

 小提示

使用绝对路径的文档，在移动时不会对超链接产生影响。

7.4 实例4——设置链接目标打开窗口

本节视频教学时间：7分钟

在单击带有超链接的文件时，超链接内容有多种打开方式，如替换当前页打开、在新窗口打开等。而用来指定打开方式的是<a>标签的target属性。

　　如果在一个<a>标签内包含一个target属性，浏览器将会载入和显示用这个标签的href属性命名的、名称与这个目标吻合的框架或者窗口中的文档。如果这个指定名称或id的框架或者窗口不存在，浏览器将打开一个新的窗口，并给这个窗口一个指定的标记，然后将新的文档载入那个窗口。从此以后，超链接文档就可以指向这个新的窗口。

　　Target属性的代码格式如下。

　　　　　　<a target="value">

　　其中value有四个参数可用，这4个保留的目标名称用作特殊的文档重定向操作。

　　(1) _blank。浏览器总在一个新打开、未命名的窗口中载入目标文档。

　　(2) _self。这个目标的值对所有未指定目标的<a>标签是默认目标，使得目标文档载入并显示在相同的框架或者窗口中作为源文档。这个目标是多余且不必要的，除非和文档标题<base>标签中的target属性一起使用。

　　(3) _parent。这个目标使得文档载入父窗口或者包含超链接引用的框架的框架集。如果这个引用是在窗口或者顶级框架中，那么它与目标_self等效。

　　(4) _top。这个目标使得文档载入包含这个超链接的窗口，用_top目标将会清除所有被包含的框架并将文档载入整个浏览器窗口。

小提示

　　这些target的所有4个值都以下画线开始。任何其他用一个下画线作为开头的窗口或者目标都会被浏览器忽略。因此，不要将下画线作为文档中定义的任何框架name或id的第一个字符。

　　下面举例说明target属性的使用方法。

---

1 输入代码

　　新建记事本，输入以下代码，并保存为index.html文件。

```
<!DOCTYPE html>
<html>
<head>
<title>设置链接目标</title>
</head>
<body>
<a href="http://www.baidu.com" target="_blank">百
度</a>
</body>
</html>
```

2 使用Firefox打开文件

　　使用Firefox打开index.html文件，预览效果如图所示。

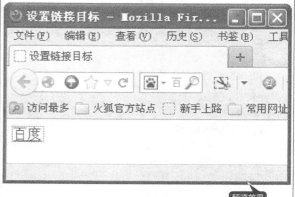

预览效果

3 单击超链接

单击超链接，在新窗口打开链接页面。

4 修改代码并单击链接

将"_blank"换成"_self"，即代码修改为"<a href="http://www.baidu.com" target="_self">百度</a>"，单击链接后，直接在当前窗口打开新链接，如图所示。

7.5 实例5——超文本链接到一个E-mail地址

本节视频教学时间：10分钟

好的站点总在不断地自我完善和提高，而从浏览者那里及时获得需要的意见和建议是非常必要的。很多情况下，需要将网站管理员的E-mail地址保留在网页上，以便及时获取外界反馈信息，这时就可以在网页中使用电子邮件链接。

电子邮件链接是一种特殊的链接，单击它不是跳转到相应的网页上，也不是下载相应的文件，而是启动计算机中相应的E-mail程序，允许书写电子邮件，然后发往指定地址。

创建电子邮件链接的具体步骤如下。

1 输入代码

新建记事本，输入以下代码，并保存为index.html文件。

```
<!DOCTYPE html>
<html>
<head>
<title>链接到电子邮箱</title>
</head>
<body>
<a href="mailto:zjb-4109@163.com" >我的邮箱</a>
</body>
</html>
```

小提示

命令中使用mailto指定收件人邮箱地址。

2 使用Firefox打开文件

使用Firefox打开index.html文件，预览效果如图所示。

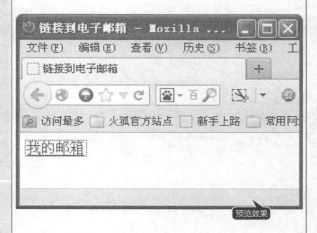

3 单击【下一步】按钮

单击超链接文本"我的邮箱",自动弹出outlook程序启动向导,单击【下一步】按钮。

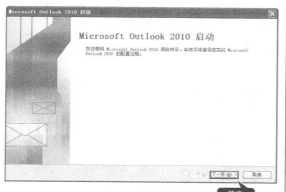

单击

 小提示

第一次使用该方法发送邮件时需要设置outlook账户,如果再次打开链接则可以直接进入邮件编辑、发送界面。

4 打开【账户配置】对话框

打开【账户配置】对话框,采用默认配置,单击【下一步】按钮。

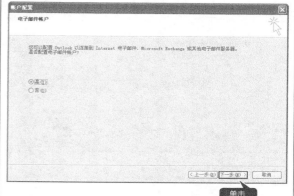

单击

5 打开【自动账户设置】对话框

打开【自动账户设置】对话框,配置相应的电子邮件账户信息。这里的信息为邮件发件人的信息,可以用各大邮件服务器注册好的账号,如网易邮箱、QQ邮箱等。配置完成,单击【下一步】按钮。

单击

6 使用QQ邮箱

Outlook程序根据账号信息,自动连接对应服务器,如使用QQ邮箱则会自动连接QQ邮箱对应的服务器。

单击

7 单击【完成】按钮

服务验证连接成功，单击【完成】按钮。

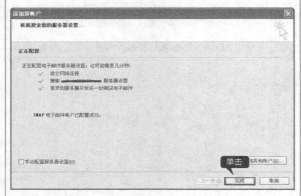

8 打开Outlook邮件编辑界面

打开Outlook邮件编辑界面，编辑邮件主题和内容，单击【发送】按钮即可。

另外，也可以使用Dreamweaver来实现以上功能，具体操作方法如下。

1 选择【电子邮件链接】菜单命令

打开随书光盘中的"素材\ch07\7.5\社交网站\index.html"文件。选择要设置超链接的内容，选择【插入】▶【电子邮件链接】菜单命令；或者在【插入】面板的【常用】标签下单击【电子邮件链接】图标。

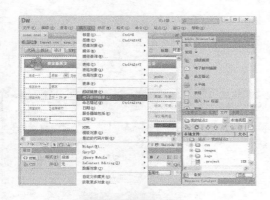

2 创建电子邮箱链接

在弹出的【电子邮件链接】对话框的【文本】文本框中，输入或编辑作为电子邮件链接显示在文档中的文本，在【E-Mail】文本框中输入邮件送达的E-mail地址，然后单击【确定】按钮；同样，也可以利用【属性】面板创建电子邮件链接。选定即将显示为电子邮件链接的文本或图像，在【属性】面板的【链接】文本框中输入mailto:和电子邮件地址。

保存文档，使用Firefox打开文件，可以看到电子邮件链接的效果。单击电子邮件链接文本，可以打开用于发送邮件的E-mail程序窗口以书写邮件。

7.6 实例6——使用锚链接制作电子书阅读网页

本节视频教学时间：13分钟

做超链接除了可以链接特定的文件和网站之外，还可以链接到网页内的特定内容。这可以使用<a>标签的name或id属性，创建一个文档内部的书签。也就是说，可以创建指向文档片段的链接。

例如，使用以下命令可以将网页中的文本"你好"定义为一个内部书签，书签名称为"name1"。

<a name="name1" >你好</a>

在网页中的其他位置可以插入超链接引用该书签，引用命令如下。

<a href="#name1" >引用内部书签</a>

一般网页内容比较多的网站会采用这种方法，如一个电子书网页。

下面就使用锚链接制作一个电子书网页。

1 输入代码

新建记事本，输入以下代码，并保存为index.html文件。

```
<!DOCTYPE html>
<html>
<head>
<title>电子书</title>
</head>
<body >
<h1>文学鉴赏</h1>
<ul>
  <li><a href="#第一篇" >再别康桥</a>
  <li><a href="#第二篇" >雨　巷</a>
  <li><a href="#第三篇" >荷塘月色</a>
</ul>
<h3><a name="第一篇" >再别康桥</a></h3>
<h3><a name="第二篇" >雨　巷</a></h3>
<h3><a name="第三篇" >荷塘月色</a></h3>
</body>
</html>
```

2 使用Firefox打开文件

使用Firefox打开文件，预览效果如图所示。由于内容较少，还看不出效果。

为每一个文学作品添加内容，完善后的代码如下。

```
<!DOCTYPE html>
<html>
<head>
<title>电子书</title>
</head>
<body >
<h1>文学鉴赏</h1>
<ul>
  <li><a href="#第一篇" >再别康桥</a>
  <li><a href="#第二篇" >雨　巷</a>
  <li><a href="#第三篇" >荷塘月色</a>
</ul>
<h3><a name="第一篇" >再别康桥</a></h3>
────徐志摩
<ul>
  <li>轻轻的我走了，正如我轻轻的来；
  <li>我轻轻的招手，作别西天的云彩。
   <br>
  <li>那河畔的金柳，是夕阳中的新娘；
  <li>波光里的艳影，在我的心头荡漾。
   <br>
  <li>软泥上的青荇，油油的在水底招摇；
  <li>在康河的柔波里，我甘心做一条水草！
   <br>
  <li>那榆荫下的一潭，不是清泉，是天上虹；
  <li>揉碎在浮藻间，沉淀着彩虹似的梦。
   <br>
  <li>寻梦？撑一支长篙，向青草更青处漫溯；
  <li>满载一船星辉，在星辉斑斓里放歌。
   <br>
  <li>但我不能放歌，悄悄是别离的笙箫；
  <li>夏虫也为我沉默，沉默是今晚的康桥！
   <br>
  <li>悄悄的我走了，正如我悄悄的来；
  <li>我挥一挥衣袖，不带走一片云彩。
</ul>
<h3><a name="第二篇" >雨　巷</a></h3>
──戴望舒<br>
撑着油纸伞，独自彷徨在悠长、悠长又寂寥的雨巷，我希望逢着一个丁香一样的
结着愁怨的姑娘。<br>
她是有丁香一样的颜色，丁香一样的芬芳，丁香一样的忧愁，在雨中哀怨，哀怨
又彷徨；她彷徨在这寂寥的雨巷，撑着油纸伞像我一样，像我一样地默默行着，
```

冷漠，凄清，又惆怅。

她静默地走近，走近，又投出太息一般的眼光，她飘过像梦一般地凄婉迷茫。像梦中飘过一枝丁香的，我身旁飘过这女郎；她静默地远了，远了，到了颓圮的篱墙，走尽这雨巷。在雨的哀曲里，消了她的颜色，散了她的芬芳，消散了，甚至她的太息般的眼光丁香般的惆怅。撑着油纸伞，独自彷徨在悠长、悠长又寂寥的雨巷，我希望飘过一个丁香一样的结着愁怨的姑娘。

<h3><a name="第三篇" >荷塘月色</a></h3>

曲曲折折的荷塘上面，弥望的是田田的叶子。叶子出水很高，像亭亭的舞女的裙。层层的叶子中间，零星地点缀着些白花，有袅娜地开着的，有羞涩地打着朵儿的；正如一粒粒的明珠，又如碧天里的星星，又如刚出浴的美人。微风过处，送来缕缕清香，仿佛远处高楼上渺茫的歌声似的。这时候叶子与花也有一丝的颤动，像闪电般，霎时传过荷塘的那边去了。叶子本是肩并肩密密地挨着，这便宛然有了一道凝碧的波痕。叶子底下是脉脉的流水，遮住了，不能见一些颜色；而叶子却更见风致了。

月光如流水一般，静静地泻在这一片叶子和花上。薄薄的青雾浮起在荷塘里。叶子和花仿佛在牛乳中洗过一样；又像笼着轻纱的梦。虽然是满月，天上却有一层淡淡的云，所以不能朗照；但我以为这恰是到了好处——酣眠固不可少，小睡也别有风味的。月光是隔了树照过来的，高处丛生的灌木，落下参差的斑驳的黑影，峭楞楞如鬼一般；弯弯的杨柳的稀疏的倩影，却又像是画在荷叶上。塘中的月色并不均匀；但光与影有着和谐的旋律，如梵婀玲上奏着的名曲。

</body>

</html>

保存文件并使用Firefox打开，效果如图所示。

单击"雨巷"，页面会自动跳转到"雨巷"对应的内容，如图所示。

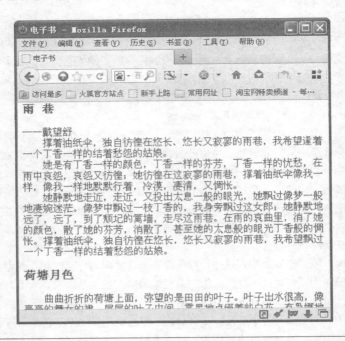

7.7 实例7——超文本链接到其他内容

本节视频教学时间：8分钟

通过上面的讲解，读者会发现超链接的目标对象类型有很多，不但可以链接到各种类型（如图片文件、声音文件、视频文件、Word等）的文件，还可以链接到其他网站、ftp服务器、电子邮件等。

下面再来介绍几种链接内容的使用效果。

1. 超链接到图片

1 输入代码

新建记事本，输入以下代码，并保存为index.html文件。

```
<!DOCTYPE html>
<html>
<head>
<title>链接到图片</title>
</head>
<body>
<a href="apple.jpg">苹果</a>
</body>
</html>
```

2 使用Firefox打开文件

使用Firefox打开index.html文件，预览效果如图所示。

单击链接文本，直接在网页中显示出链接的图片文件。

 小提示

网页中显示的图像文件会根据窗口大小缩放调整。

2. 超链接到Word文档

1 输入代码

新建记事本，输入以下代码，并保存为index.html文件。

```
<!DOCTYPE html>
<html>
<head>
<title>链接各种类型文件</title>
</head>
<body>
<a href="2.doc">链接word文档</a>
</body>
</html>
```

2 使用Firefox打开文件

使用Firefox打开index.html文件，预览效果如图所示。

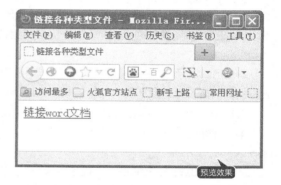

3 单击链接文本

单击链接文本，弹出打开链接文件"2.doc"的提示框，可以指定打开方式，也可以直接选择保存文件。使用默认选项，单击【确定】按钮。

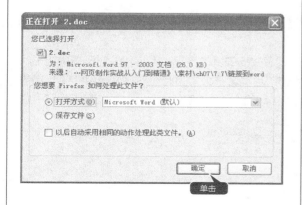

4 在Word中直接打开文件

使用默认选项，单击【确定】按钮，将在Word中直接打开文件。

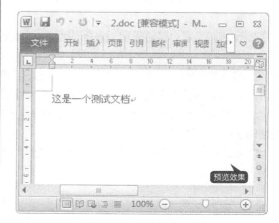

7.8 实例8——创建热点区域

在浏览网页时，读者会发现，当单击一张图片的不同区域，会显示不同的链接内容，这就是图片的热点区域。所谓图片的热点区域就是将一个图片划分成若干个链接区域。访问者单击不同的区域，会链接到不同的目标页面。

在HTML中，可以为图片创建3种类型的热点区域：矩形、圆形和多边形。创建热点区域使用标记<map>和<area>，语法格式如下。

```
<img src="图片地址" usemap="#名称">
<map id="#名称">
  <area shape="rect" coords="10,10,100,100" href="#">
  <area shpe="circle" cords="120,120,50" href="#">
  <area shape="poly" coords="78,13,81,14,53,32,86,38" href="#">
</map>
```

在上面的语法格式中，需要注意以下几点。

1. 要想建立图片热点区域，必须先插入图片。注意，图片必须增加usemap属性，说明该图像是热区映射图像，属性值必须以"#"开头，加上名字，如#pic。那么上面一行代码可以修改为：<img src="图片地址" usemap="#pic">。

2. <map>标记只有一个属性id，其作用是为区域命名，其设置值必须与<img>标记的usemap属性值相同。修改上述代码为：<map id="#pic">。

3. <area>标记主要是定义热点区域的形状及超链接，它有三个必需的属性。

(1) shape属性，控件划分区域的形状，其取值有3个，分别是rect（矩形）、circle（圆形）和poly（多边形）。

(2) coords属性，控制区域的划分坐标。

①如果shape属性取值为rect，那么coords的设置值分别为矩形的左上角x、y坐标点和右下角x、y坐标点，单位为像素。

②如果shape属性取值为cirle，那么coords的设置值分别为圆形圆心x、y坐标点和半径值，单位为像素。

③如果shape属性取值为poly，那么coords的设置值分别为矩形在各个点的x、y坐标，单位为像素。

(3) href属性是为区域设置超链接的目标，设置值为"#"时，表示为空链接。

上面讲述了HTML创建热点区域的方法，但最让读者头痛的就是坐标点的定位。对于简单的形状还可以，如果形状较多且复杂，确定坐标点这项工作的工程量就很大。因此，不建议使用HTML代码去完成。这里将为读者介绍一个快速且能精确定位热点区域的方法。在Dreamweaver CS 6中可以很方便地实现这个功能。

Dreamweaver CS 6创建图片热点区域的具体操作步骤如下。

1 创建一个HTML文档

创建一个HTML文档，插入一张图片文件，如图所示。

2 单击【矩形热】工具图标

选择图片，在Dreamweaver CS 6中打开【属性】面板，面板左下角有3个蓝色图标按钮，依次代表矩形、圆形和多边形热点区域。单击左边的【矩形热】工具图标，如图所示。

3 得到矩形区域

将光标移动到被选中图片上，以"创意平台"栏中的矩形大小为准，按下鼠标左键，从左上方向右下方拖曳光标，得到矩形区域，如图所示。

4 绘制出热区

绘制出来的热区呈现出半透明状态，效果如图所示。

5 【指针热点】工具

如果绘制出来的矩形热区有误差，可以通过【属性】面板中的【指针热点】工具进行编辑，如图所示。

6 完成效果

完成上述操作之后，保持矩形热区被选中状态，然后在【属性】面板中的【链接】文本框中输入该热点区域链接对应的跳转目标页面。在【目标】下拉列表框中有4个选项，它们决定着链接页面的弹出方式，这里如果选择了【_blank】，那么矩形热区的链接页面将在新的窗口中弹出。如果【目标】选项保持空白，就表示仍在原来的浏览器窗口中显示链接的目标页面。这样，矩形热点区域就设置好了。接下来继续为其他菜单项创建矩形热区。操作方法请参阅上面步骤，完成后的效果如图所示。

完成后保存并预览页面。可以发现，凡是绘制了热点的区域，光标移上去时就会变成手形，单击就会跳转到相应的页面。

至此，网站的导航就使用热点区域制作完成了。此时页面相应的HTML源代码如下。

```
<!DOCTYPE html>
<html>
<head>
<title>创建热点区域</title>
</head>
<body>
<img src="images/04.jpg" width="1001" height="87" border="0" usemap="#Map">
<map name="Map">
  <area shape="rect" coords="298,5,414,85" href="#">
  <area shape="rect" coords="412,4,524,85" href="#">
  <area shape="rect" coords="525,4,636,88" href="#">
  <area shape="rect" coords="639,6,749,86" href="#">
  <area shape="rect" coords="749,5,864,88" href="#">
  <area shape="rect" coords="861,6,976,86" href="#">
</map>
</body>
</html>
```

可以看到，Dreamweaver CS 6自动生成的HTML代码结构和前面介绍的是一样的，但是所有的坐标都自动计算出来了，这正是网页制作工具的快捷之处。使用这些工具本质上和手工编写HTML代码没有区别，只是可以提高工作效率。

小提示

本书所讲述的手工编写HTML代码，在Dreamweaver CS 6工具中几乎都有对应的操作，请读者自行研究，以提高编写HTML代码的效率。但是请读者注意，使用网页制作工具前，一定要明白这些HTML标记的作用。因为一个专业的网页设计师必须具备HTML方面的知识，不然再强大的工具也只能无根之树、无源之泉。

7.9 实例9——浮动框架

本节视频教学时间：11分钟

HTML 5中已经不支持frameset框架，但是它仍然支持iframe浮动框架。浮动框架可以自由控制窗口大小，可以配合表格随意在网页中的任何位置插入窗口。这实际上就是在窗口中再创建一个窗口。

使用iframe创建浮动框架的格式如下。

<iframe src="链接对象" >

其中，src表示浮动框架中显示对象的路径，可以是绝对路径，也可以是相对路径。例如，下面的代码是在浮动框架中显示到百度网站。

1 输入代码

新建记事本，输入以下代码，并保存为html文件。

```
<!DOCTYPE html>
<html>
<meta http-equiv="Content-Type" content="text/html; charset=utf-8" />
<head><title>浮动框架</title></head>
<head>
<title>浮动框架中显示百度网站</title>
</head>
<body>
<iframe src="http://www.baidu.com"></iframe>
</body>
</html>
```

2 在Chrome中预览效果

在Chrome中预览网页效果如图所示。

从预览结果可见，浮动框架在页面中又创建了一个窗口。默认情况下，浮动框架的宽度和高度为220像素×120像素。如果需要调整浮动框架尺寸，请使用CSS样式。修改上述浮动框架尺寸，请在head标记部分增加如下CSS代码。

```
<style>
iframe{
        width:600px;  //宽度
        height:800px;  //高度
        border:none;  //无边框
}
</style>
```

 小提示

在HTML 5中，iframe仅支持src属性，再无其他属性。

举一反三

本章学习了各种超链接的设置，而且介绍了下载超链接的实现方法。下载超链接并不是只能使用文字创建，也可以使用图片创建，使用img标签插入图片替换文字即可，具体代码如下。

高手私房菜

技巧1：如何添加图片及链接文字的提示信息

读者浏览网页时，当光标停留在图片对象或链接上时，光标的右下有时会出现一个提示信息框，对目标进行一定的注释说明。

(1) 图片提示信息框的添加方法：选中图片对象，在【属性】面板的【替换】文本框中输入"图片1"，即可添加图片提示框信息。

(2) 为链接文字添加信息框的方法较为复杂，需要通过修改代码来完成此功能。例如，为链接百度文字添加提示信息。在<a href="百度">中添加【title】属性。title="提示内容"即可。修改代码为"<a href="www.baidu.com" title="这是百度的链接">百度</a>"，效果如右图所示。

技巧2：如何去掉超链接的下画线

若想在整页中都去掉，在<head>与</head>之间加上以下代码。

```
<style>
<!--
a {text-decoration: none}
-->
</style>
```

若只对特定链接使用，则链接语法为

```
<a href="你的链接" style=text-decoration: none></a>
```

技巧3：如何使光标放到有超级链接的字体时字体颜色发生变化

在<head>与</head>之间加上以下代码。

```
<style>
<!--
a:link {color:$}
a:visited {color:$}
a:active {color:$}
a:hover {color:$}
-->
</style>
```

其中link是超链接的颜色,visited是访问过的链接颜色,hover是光标移上去的颜色。把$换成你需要的颜色，如black或#000000。还可与下画线一起使用，如 a:hover{color:$;text-decoration: none}。

第 8 章

网页多媒体设计

 本章视频教学时间：42 分钟

网页上除了文本、图片等内容外，还可以增加音频和视频等多媒体内容。目前在网页上没有关于音频和视频的标准，多数音频和视频都是通过插件来播放的。为此，HTML 5新增了音频和视频的标签。本章将讲述音频和视频的基本概念、常用属性、解码器和浏览器的支持情况。

【学习目标】

通过本章的学习，了解网页多媒体设计的方法。

【本章涉及知识点】

了解 HTML 5 Audio 和 Video

掌握使用 HTML 5 Audio 和 Video API 的方法

掌握设置网页多媒体属性的方法

熟悉调用网页多媒体的方法

8.1 HTML 5 Audio和Video概述

本节视频教学时间：10分钟

在HTML 5中主要使用audio和video两个标签来实现音频和视频效果，audio负责音频，而video负责视频。下面来简单介绍一下这两个标签。

8.1.1 视频容器

所谓的视频容器就是专门用来存储视频信息的容器。这样说不太容易理解，那么就先来认识一下视频容器格式。如常见的avi和mp4格式都属于视频容器格式。

视频容器格式只是定义了怎么存储数据，而不论存储什么类型的数据，好比zip文件，里面可以包含各种文件。不过视频容器格式比这个更复杂一些，因为并不是所有的视频流格式兼容所有的视频容器格式。

一个视频文件一般包含多个track，而每个视频track（没有音频）又可对应一到多个音频track，这些track又总是相互关联的。每个音频track内部包含标记用于和视频同步。每个track可包括元数据，如视频track的纵横比（视频长和宽），或者音频track的语言。容器也可以有元数据，如视频自身的题目、视频的封面、片段号码（用于在电视上展示）等。

容纳以上数据的容器就是视频容器。那么常见的视频容器都有哪些，又分别对应什么视频容器格式呢？下面就来详细介绍一下。

(1) mpeg4：一般扩展名为.mp4或者.m4v。mpeg4容器是基于applel旧的quicktime容器格式（.mov）。apple的电影预告片网站还在用mov格式，但是从iTune上租的电影已经使用mpeg4容器了。

(2) flash video：一般使用.flv扩展名，用于adobe flash。在flash 9.0.60.184（flash 9 update 3）以前，是flash支持的唯一格式，更新的flash版本已经可以支持mp4容器格式。

(3) ogg：一般用.ogv扩展名。ogg是开放标准的、开源友好的，并且不受任何已知专利的阻挡。Firefox3.5支持ogg容器格式，本地支持，无须插件。主要的linux分发版本开箱即支持ogg格式。在windows和os x下，可通过分别安装quicktime组件或者directshow过滤器支持。

(4) audio video interleave：一般使用.avi扩展名，是由microsoft很早以前研究出来的，那个时代电脑能播放视频是很令人兴奋的事情。因此该格式有许多不足，没有包含很多特性，这些特性是之后出现的容器格式支持的。比如，没有官方支持任何类型的视频元数据，没有官方支持当今常用的视频音频编码。期间，很多公司试图扩展这种格式，通过互补兼容的方式支持某些特性。不过，avi仍然是流行的编码器mencoder的默认容器格式。

8.1.2 音频和视频编解码器

1. 音频解码器

音频解码器定义了音频数据流编码和解码的算法。其中，编码器主要是对数据流进行编码操作，用于存储和传输。音频播放器主要是对音频文件进行解码，然后进行播放操作。目前，使用较多的音频解码器是Vorbis和ACC。

2. 视频解码器

视频解码器定义了视频数据流编码和解码的算法。其中，编码器主要是对数据流进行编码操作，用于存储和传输。视频播放器主要是对视频文件进行解码，然后进行播放操作。

目前在HTML 5中，使用比较多的视频解码文件是Theora、H.264和VP8。

8.1.3 Audio元素和Video元素的浏览器支持情况

Audio元素和Video元素是HTML 5中新增加的标签，所以其在各种浏览器中的支持情况有所不同，特别是对音频格式和视频格式的支持。

1. audio标签浏览器的支持情况

目前，不同的浏览器对audio标签的支持也不同。下面表格中列出应用最为广泛的浏览器对audio标签的支持情况。

浏览器 / 音频格式	Firefox 3.5 及更高版本	IE 9.0 及更高版本	Opera 10.5 及更高版本	Chrome 3.0 及更高版本	Safari 3.0 及更高版本
Ogg Vorbis	支持		支持	支持	
MP3		支持		支持	支持
Wav	支持		支持		支持

2. video标签浏览器的支持情况

目前，不同的浏览器对video标签的支持也不同。下面表格中列出应用最为广泛的浏览器对video标签的支持情况。

浏览器 / 音频格式	Firefox 4.0 及更高版本	IE 9.0 及更高版本	Opera 10.6 及更高版本	Chrome 6.0 及更高版本	Safari 3.0 及更高版本
Ogg	支持		支持	支持	
MPEG 4		支持		支持	支持
WebM	支持		支持	支持	

由以上内容可以看出，各个浏览器对Audio和Video元素的格式支持差距很大。这对Audio标签和Video标签的使用造成了一定的影响，是值得开发者关注的问题。

8.2 实例1——使用HTML 5 Audio和Video API

本节视频教学时间：19分钟

从上文中初步认识了HTML 5的Audio标签和Video标签，下面就来详细介绍一下其使用方法及相关注意事项。

8.2.1 理解媒体元素

Audio标签和Video标签可以实现在网页中插入多媒体的功能，那么首先就要来认识一下媒体元素。

常见的媒体元素包括文本、图形、动画、声音及视像等。在网页功能效果实现中，这些媒体元素扮演着重要的角色。

而Audio标签和Video标签所使用的媒体元素主要是音频和视频。可用的音频和视频媒体元素格式很多，在Audio标签和Video标签中调用媒体元素时一定要选择对应支持的格式。

8.2.2 使用audio元素

audio标签主要是定义播放声音文件或者音频流的标准。它支持3种音频格式,分别为Ogg 、MP3和Wav。

如果需要在HTML 5网页中播放音频,输入的基本格式如下。

```
<audio src="song.mp3" controls="controls">
</audio>
```

说明:其中src属性是规定要播放的音频的地址,controls属性是供添加播放、暂停和音量控件的。

下面列举一个网页中插入音频的案例。

1 输入代码

新建记事本,输入以下代码,并将文件保存为index.html。

```
<!DOCTYPE html>
<html>
<head>
<title>插入音频</title>
</head>
<body >
<audio src="1.mp3" controls="controls">
您的浏览器不支持audio标签
</audio>
</body>
</html>
```

2 使用Chrome浏览器打开文件

在index.html文件同级目录中放入音频文件1.mp3,然后使用Chrome浏览器打开index.html文件,效果如图所示。单击播放按钮,音频可自动播放。

预览效果

小提示

这里使用的是Chrome浏览器而不是Firefox浏览器,因为Firefox浏览器不支持Audio标签的MP3音频格式。

在现实生活中,网页访问者会使用各种浏览器,所以为了使所有人在访问网页时都可以正常地听到音频,需要在代码中做一些设计,即在audio标签中同时套用audio支持的三种音频格式文件。这就需要使用source标签,source标签可以嵌套在audio标签内。其具体实现方法如下。

```
<!DOCTYPE html>
<html>
<head>
<title>多浏览器支持音频</title>
</head>
<body >
<audio controls="controls" >
<source src="1.mp3" type="audio/mpeg">
<source src="1.ogg" type="audio/ogg">
<source src="1.wav" type="audio/wave">
您的浏览器不支持audio标签
</audio>
</body>
</html>
```

其中三个音频文件是同一段音频,只是使用了三种音频格式,type属性用于定义对应文件的格式类型。当文件被不同浏览器打开时,会选择自身识别的第一个文件打开,如Firefox浏览器支持ogg和wav的文件,所以会打开1.ogg文件进行播放。

8.2.3 使用video元素

video标签主要是定义播放视频文件或者视频流的标准。它支持3种视频格式，分别为Ogg、WebM和MPEG 4。

如果需要在HTML 5网页中播放视频，输入的基本格式如下。

<video src="1.mp4" controls="controls">

</ video >

说明：在< video >与</ video >之间插入的内容是供不支持video元素的浏览器显示的。

下面列举一个网页中插入视频的案例。

1 输入代码	**2 使用Chrome浏览器打开文件**

新建记事本，输入以下代码，并将文件保存为index.html。
 	
`<!DOCTYPE html>`
`<html>`
`<head>`
`<title>插入视频</title>`
`</head>`
`<body >`
`<video src="1.mp4" controls="controls">`
`您的浏览器不支持video标签`
`</video>`
`</body>`
`</html>`
	在index.html文件同级目录中放入视频文件1.mp4，然后使用Chrome浏览器打开index.html文件，效果如图所示。单击播放按钮，视频可自动播放。

	预览效果

考虑到浏览器对视频格式的支持，同样可以使用source标签嵌套使用。其代码格式如下。

```
<video controls="controls">
<source src="1.ogg" type="video/ogg">
<source src="1.mp4" type="video/mp4">
</ video >
```

8.2.4 浏览器支持性检测

网页做好后，首先要检测其兼容性及浏览器的支持性。下面就来分别介绍音频和视频的支持性检测方法。

1. 音频支持性测试

可以在<audio>与</audio>之间插入内容，该内容是供不支持audio元素的浏览器显示的。

新建记事本，输入以下代码，并保存为index.html文件。

```
<!DOCTYPE html>
<html>
<head>
<title>audio</title>
<head>
<body >
  <audio src="1.mp3" controls="controls">
您的浏览器不支持audio标签！
</audio>
</body>
</html>
```

如果用户的浏览器是IE 9.0以前的版本，浏览效果如图所示。可见，IE 9.0以前的版本浏览器不支持audio标签。

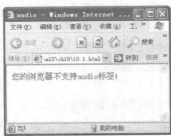

在Firefox 8.0中浏览效果如图所示，可以看到加载的音频控制条，但是控制条上没有显示音频时长，单击播放键后音频也无法正常播放，是因为Firefox不支持audio的MP3音频格式。改成使用Chrome浏览器，将可正常播放。

2. 视频支持性测试

在< video >与</ video >之间插入的内容同样是供不支持video元素的浏览器显示的。

新建记事本，输入以下代码，并保存为index.html文件。

```
<!DOCTYPE html>
<html>
<head>
<title>video</title>
<head>
<body >
<video src="1.mp4" controls="controls">
您的浏览器不支持video标签！
</ video >
</body>
</html>
```

如果用户的浏览器是IE 9.0以前的版本，浏览效果如图所示。可见，IE 9.0以前的版本浏览器不支持video标签。

在Firefox 8.0中浏览效果如图所示,提示视频格式或MIME类型不支持,主要是Firefox不支持video标签的MP4视频格式。

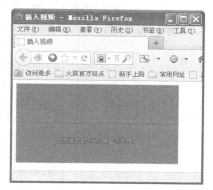

使用Chrome浏览器再次打开文件,可以看到加载的视频控制条界面。单击【播放】按钮,即可查看视频的内容。

8.3 实例2——设置网页多媒体属性

本节视频教学时间:9分钟

上文中使用audio标签和video标签在网页中实现了音频和视频文件的插入。为了使播放效果更好,可以为其增加属性设置。有关audio和video的相关属性设置分别介绍如下。

1. audio标签属性设置

audio标签的常见属性和含义如下表所示。

属性	值	描述
autoplay	Autoplay(自动播放)	如果出现该属性,则音频在就绪后马上播放
	Controls (控制)	如果出现该属性,则向用户显示控件,如播放按钮
	loop (循环)	如果出现该属性,则每当音频结束时重新开始播放
	Preload (加载)	如果出现该属性,则音频在页面加载时进行加载,并预备播放。如果使用"autoplay",则忽略该属性
	url (地址)	要播放的音频的 URL 地址
autobuffer	Autobuffer(自动缓冲)	在网页显示时,该二进制属性表示是由用户代理(浏览器)自动缓冲的内容,还是由用户使用相关 API 进行内容缓冲

属性的使用非常简单，这里以autoplay和loop属性为例进行介绍。

<table>
<tr><td>**1** 输入代码</td><td>**2** 使用Chrome浏览器打开文件</td></tr>
</table>

1 输入代码

新建记事本，输入以下代码，并将文件保存为index.html。

```
<!DOCTYPE html>
<html>
<head>
<title>video</title>
<head>
<body >
<audio src="1.mp3" controls="controls" autoplay
loop >
您的浏览器不支持audio标签！
</ audio >
</body>
</html>
```

2 使用Chrome浏览器打开文件

在index.html文件同级目录中放入音频文件1.mp3，然后使用Chrome浏览器打开index.html文件。不需要操作浏览器，加载完音频后会自动播放，播放完成后也会自动循环重播。

2. video标签属性设置

video标签的常见属性和含义如下表所示。

属性	值	描述
autoplay	autoplay	如果出现该属性，则视频在就绪后马上播放
controls	controls	如果出现该属性，则向用户显示控件，如播放按钮
loop	loop	如果出现该属性，则每当视频结束时重新开始播放
preload	preload	如果出现该属性，则视频在页面加载时进行加载，并预备播放。如果使用"autoplay"，则忽略该属性
src	url	要播放的视频的 URL
width	宽度值	设置视频播放器的宽度
height	高度值	设置视频播放器的高度
poster	url	当视频未响应或缓冲不足时，该属性值链接到一个图像。该图像将以一定比例被显示出来

由上表可知，用户可以自定义视频文件显示的大小。如果想让视频以300像素×200像素大小显示，可以加入width和height属性。其具体代码如下。

```
<!DOCTYPE html>
<html>
<head>
<title>插入视频</title>
</head>
<body >
<video width="320" height="240" controls src="1.mp4" >
您的浏览器不支持video标签
</video>
</body>
</html>
```

使用Chrome浏览器打开文件，视频文件播放窗口尺寸被调整为300像素×200像素。

8.4 实例3——调用网页多媒体

本节视频教学时间：4分钟

在网页中调用多媒体的方法主要有两种，一种是上文中介绍的调用本地的多媒体文件，另一种是调用指定准确URL地址的互联网多媒体文件。实现调用的src属性，可以指定本地相对路径的多媒体文件，也可以指定一个完整的URL地址。

下面来详细介绍调用audio和video互联网多媒体文件的方法。

1. audio

调用网络audio多媒体文件的具体代码如下。

```
<!DOCTYPE html>
<html>
<head>
<title>插入音频</title>
</head>
<body >
<audio src=" http://www.yingdakeji.com/song.mp3" controls="controls">
您的浏览器不支持audio标签
</audio>
</body>
</html>
```

说明："http://www.yingdakeji.com/song.mp3"为当前可以访问的互联网的MP3文件的URL地址。该文件确实存在访问才会成功。

2. video

调用网络video多媒体文件的具体代码如下。

```
<!DOCTYPE html>
<html>
<head>
<title>插入视频</title>
</head>
<body >
<video src="http://www.yingdakeji.com/1.mp4" controls="controls">
您的浏览器不支持video标签
</video>
</body>
</html>
```

其中，"http://www.yingdakeji.com/1.mp4"为当前可以访问的互联网的MP4文件的URL地址。该文件确实存在访问才会成功。

举一反三

了解了上述内容后，就基本掌握了使用audio和video标记插入多媒体的方式。结合前面学习的文本、段落以及超链接的内容，可以制作如下图所示的图文并茂的多媒体资源展示界面。

 # 高手私房菜

技巧1：在HTML 5网页中添加所支持格式的视频，为什么不能在Firefox 8.0浏览器中正常播放

目前，HTML 5的video标签对视频的支持不仅仅有对视频格式的限制，还有对解码器的限制。规定如下：

(1) 如果视频是ogg格式的文件，则需要带有Thedora视频编码和Vorbis音频编码的视频；

(2) 如果视频是MPEG4格式的文件，则需要带有H.264视频编码和AAC音频编码的视频；

(3) 如果视频是WebM格式的文件，则需要带有VP8视频编码和Vorbis音频编码的视频。

技巧2：在HTML 5网页中添加MP4格式的视频文件，为什么在不同的浏览器中视频控件显示的外观不同

在HTML 5中规定controls属性来进行视频文件的播放、暂停、停止和调节音量的操作。Controls是一个布尔属性，所以需要赋予任何值。一旦添加了此属性，等于告诉浏览器需要显示播放控件并允许用户操作。

因为每一个浏览器负责内置视频控件的外观，所以在不同的浏览器中将显示不同的视频控件外观。

第 9 章

网页 Canvas 动画

 本章视频教学时间：2 小时 2 分钟

HTML 5呈现了很多新特性，这在之前的HTML中是不可见到的。其中一个最值得提及的特性就是HTML Canvas，它可以对2D或位图进行动态、脚本的渲染。Canvas是一个矩形区域，使用JavaScript可以控制其每一个像素。

【学习目标】

通过本章的学习，熟悉 HTML Canvas 的使用方法。

【本章涉及知识点】

认识画布

掌握在画布中使用路径的方法

掌握对画布中图形操作的方法

掌握处理画布中图像的方法

掌握运用样式与颜色的方法

熟悉画布的其他应用

9.1 实例1——认识画布

本节视频教学时间：36分钟

在网页中实现动画，首先要规范一个实现的区域，这个区域就是画布。使用canvas标签可以定义一个画布区域。

9.1.1 Canvas元素的基本用法

Canvas标签是一个矩形区域，包含两个属性width和height，分别表示矩形区域的宽度和高度。这两个属性都是可选的，并且都可以通过CSS来定义，默认值是300px和150px。

Canvas在网页中的常用形式如下。

```
<canvas id="myCanvas" width="300" height="200" style="border:1px solid #c3c3c3;">
Your browser does not support the canvas element.
</canvas>
```

上面示例代码中，id表示画布对象名称，width和height分别表示宽度和高度；最初的画布是不可见的，此处为了观察这个矩形区域，使用CSS样式，即style标记。style表示画布的样式。如果浏览器不支持画布标记，会显示画布中间的提示信息。

画布Canvas本身不具有绘制图形的功能，只是一个容器。如果读者对于Java语言非常了解，就会发现HTML 5的画布和Java中的Panel面板非常相似，都可以在容器中绘制图形。既然canvas画布元素放好了，就可以使用脚本语言JavaScript在网页上绘制图像。

使用canvas结合JavaScript绘制图形，一般需要下面几个步骤。

(1) JavaScript使用id来寻找canvas元素，即获取当前画布对象：

```
var c=document.getElementById("myCanvas");
```

(2) 创建 context对象：

```
var cxt=c.getContext("2d");
```

说明：getContext方法返回一个指定contextId的上下文对象，如果指定的id不被支持，则返回null。当前唯一被强制必须支持的是"2D"，也许在将来会有"3D"。注意，指定的id是大小写敏感的。对象cxt建立之后，就可以拥有多种绘制路径、矩形、圆形、字符以及添加图像的方法。

(3) 绘制图形：

```
cxt.fillStyle="#FF0000";
cxt.fillRect(0,0,150,75);
```

说明：fillStyle方法将其染成红色，fillRect方法规定了形状、位置和尺寸。这两行代码可绘制一个红色的矩形。

9.1.2 绘制带边框矩形

单独的一个canvas标记只是在页面中定义了一块矩形区域，并无特别之处。开发人员只有配合使用JavaScript脚本，才能够完成各种图形、线条以及复杂的图形变换操作。与基于SVG实现同样绘图效果来比较，canvas绘图是一种像素级别的位图绘图技术，而SVG则是一种矢量绘图技术。

使用canvas和JavaScript绘制一个矩形，可能会涉及一个或多个方法，如下表所示。

方法	功能
fillRect	绘制一个矩形，这个矩形区域没有边框，只有填充色。这个方法有四个参数，前两个表示左上角的坐标位置，第三个为长度，第四个为高度
strokeRect	绘制一个带边框的矩形。该方法的四个参数的解释同上
clearRect	清除一个矩形区域，被清除的区域将没有任何线条。该方法的四个参数的解释同上

1 输入代码

新建记事本，输入以下代码，并保存为index.html文件。

```
<!DOCTYPE html>
<html>
<body>
<canvas id="myCanvas" width="320" height="240"
style="border:1px solid blue">
Your browser does not support the canvas element.
</canvas>
<script type="text/javascript">
var c=document.getElementById("myCanvas");
var cxt=c.getContext("2d");
cxt.fillStyle="rgb(0,0,200)";
cxt.fillRect(10,20,200,100);
</script>
</body>
</html>
```

2 在Firefox中浏览效果

在Firefox中浏览效果如图所示，可以看到网页中，在一个蓝色边框中显示了一个蓝色长方形。

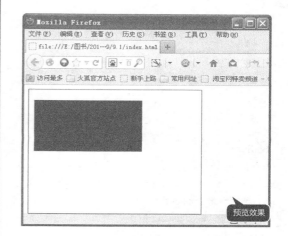

 小提示

上面代码中，首先定义一个画布对象，其id名称为myCanvas，其高度和宽度均为500像素，并定义了画布边框显示样式。在JavaScript代码中，首先获取画布对象，然后使用getContext获取当前2D的上下文对象，并使用fillRect绘制一个矩形。其中涉及一个fillStyle属性，fillstyle用于设定填充的颜色、透明度等。如果设置为"rgb(200,0,0)"，则表示一个颜色，不透明；如果设置为"rgba(0,0,200,0.5)"，则表示颜色为一个颜色，透明度为50%。

9.1.3 绘制渐变图形

渐变是两种或更多颜色的平滑过渡，是指在颜色集上使用逐步抽样算法，并将结果应用于描边样式和填充样式中。canvas的绘图上下文支持两种类型的渐变：线性渐变和放射性渐变，其中放射性渐变也称为径向渐变。

1. 绘制线性渐变

创建一个简单的渐变非常容易，可能比使用Photoshop还要快，需要三个步骤。

(1) 创建渐变对象。

```
var gradient=cxt.createLinearGradient(0,0,0,canvas.height);
```

(2) 为渐变对象设置颜色，指明过渡方式。

```
gradient.addColorStop(0,'#fff');
gradient.addColorStop(1,'#000');
```

(3) 在context上为填充样式或者描边样式设置渐变。

　　　　cxt.fillStyle=gradient;

　　要设置显示颜色，在渐变对象上使用addColorStop函数即可。除了可以变换成其他颜色外，还可以为颜色设置alpha值（例如透明），并且alpha值也是可以变化的。为了达到这样的效果，需要使用颜色值的另一种表示方法，如内置alpha组件的CSSrgba函数。

　　绘制线性渐变，会使用到如下表所示几个方法。

方法	功能
addColorStop	函数允许指定两个参数：颜色和偏移量。颜色参数是指开发人员希望在偏移位置描边或填充时所使用的颜色。偏移量是一个 0.0~1.0 的数值，代表沿着渐变线渐变的距离有多远
createLinearGradient(x0,y0,x1,x1)	沿着直线从（x0,y0）至 (x1,y1) 绘制渐变

1　输入代码

　　新建记事本，输入以下代码，并保存为index1.html文件。

```
<!DOCTYPE html>
<html>
<head>
<title>线性渐变</title>
</head>
<body>
<h1>绘制线性渐变</h1>
<canvas id="canvas" width="400" height="300"
style="border:1px solid red"/>
<script type="text/javascript">
var c=document.getElementById("canvas");
var cxt=c.getContext("2d");
var gradient=cxt.createLinearGradient(0,0,0,canvas.
height);
gradient.addColorStop(0,'#000');
gradient.addColorStop(1,'#fff');
cxt.fillStyle=gradient;
cxt.fillRect(0,0,400,400);
</script>
</body>
</html>
```

2　在Firefox中浏览效果

　　在Firefox中浏览效果如图所示，可以看到网页中创建了一个垂直方向上的渐变，从上到下颜色逐渐变浅。

 小提示

上面的代码使用2D环境对象产生了一个线性渐变对象，渐变的起始点是（0，0），渐变的结束点是（0，canvas.height），下面使用addColorStop函数设置渐变颜色，最后将渐变填充到上下文环境的样式中。

2. 绘制径向渐变

　　除了线性渐变以外，HTML 5 Canvas API还支持径向渐变（放射性渐变），就是颜色会介于两个指定圆间的锥形区域平滑变化。径向渐变和线性渐变使用的颜色终止点是一样的，如果要实现它，就需要使用方法createRadialGradient。

createRadialGradient(x0,y0,r0,x1,y1,r1)方法表示沿着两个圆之间的锥面绘制渐变。其中前三个参数代表开始的圆，圆心为（x0,y0），半径为r0。最后三个参数代表结束的圆，圆心为(x1,y1)，半径为r1。

1 输入代码	**2 在Firefox中浏览效果**

新建记事本，输入以下代码，并保存为index2.html文件。

```html
<!DOCTYPE html>
<html>
<head>
<title>径向渐变</title>
</head>
<body>
<h1>绘制径向渐变</h1>
<canvas id="canvas" width="400" height="300"
style="border:1px solid red"/>
<script type="text/javascript">
var c=document.getElementById("canvas");
var cxt=c.getContext("2d");
var gradient=cxt.createRadialGradient(canvas.
width/2,canvas.height/2,0,canvas.width/2,canvas.
height/2,150);
gradient.addColorStop(0,'#fff');
gradient.addColorStop(1,'#000');
cxt.fillStyle=gradient;
cxt.fillRect(0,0,400,400);
</script>
</body>
</html>
```

在Firefox中浏览效果如图所示，可以看到网页中，从圆的中心亮点开始向外逐步发散，形成了一个径向渐变。

预览效果

小提示

上面代码中，首先创建渐变对象gradient，此处使用方法createRadialGradient创建了一个径向渐变，下面使用addColorStop添加颜色，最后将渐变填充到上下文环境中。

9.2 实例2——在画布中使用路径

本节视频教学时间：19分钟

为了更细致地实现canvas动画功能，可以在画布中绘制沿着固定路径的形状。具体内容介绍如下。

9.2.1 MoveTo与LineTo的用法

在每个canvas实例对象中都拥有一个path对象，创建自定义图形的过程就是不断对path对象操作的过程。每当开始一次新的图形绘制任务时，都需要先使用beginPath()方法来重置path对象至初始状态，进而通过一系列对moveTo/lineTo等画线方法的调用，绘制期望的路径。其中moveTo(x, y)方法可以设置绘图起始坐标，而lineTo(x,y)等画线方法可以从当前起点绘制直线，圆弧以及曲线到目标位置。最后一步也是可选的步骤，是调用closePath()方法将自定义图形进行闭合，从而自动创建一条从当前坐标到起始坐标的直线。

绘制直线常用的方法是moveTo和lineTo，其含义如下表所示。

方法或属性	功能
moveTo(x,y)	不绘制，只是将当前位置移动到新目标坐标（x,y），并作为线条开始点
lineTo(x,y)	绘制线条到指定的目标坐标(x,y)，并且在两个坐标之间画一条直线。不管调用它们哪一个，都不会真正画出图形，因为还没有调用stroke（绘制）和fill（填充）函数。当前只是在定义路径的位置，以便后面绘制时使用
strokeStyle	指定线条的颜色
lineWidth	设置线条的粗细

1 输入代码

新建记事本，输入以下代码，并保存为index. html文件。

```
<!DOCTYPE html>
<html>
<body>
<canvas id="myCanvas" width="300" height="200"
style="border:1px solid blue">
Your browser does not support the canvas element.
</canvas>
<script type="text/javascript">
var c=document.getElementById("myCanvas");
var cxt=c.getContext("2d");
cxt.beginPath();
cxt.strokeStyle="rgb(0,150,0)";
cxt.moveTo(20,20);
cxt.lineTo(150,100);
cxt.lineTo(10,100);
cxt.lineWidth=14;
cxt.stroke();
cxt.closePath();
</script>
</body>
</html>
```

2 在Firefox中浏览效果

在Firefox中浏览效果如图所示，可以看到网页中绘制了两条直线，并在某一点交叉。

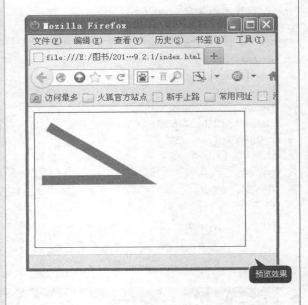

预览效果

小提示

上面代码中，使用moveTo方法定义一个坐标位置为（20,20），下面以此坐标位置为起点绘制了两个不同的直线，并使用lineWidth设置直线的宽带，使用strokeStyle设置了直线的颜色，使用lineTo设置了直线的结束位置。

9.2.2 使用arc方法绘制圆形

基于canvas的绘图并不是直接在canvas标记所创建的绘图画面上进行各种绘图操作，而是依赖画面所提供的渲染上下文（Rendering Context），所有的绘图命令和属性都定义在渲染上下文当中。在通过canvas id获取相应的DOM对象之后首先要做的事情就是获取渲染上下文对象。渲染上下文与canvas——对应，无论对同一canvas对象调用几次getContext() 方法，都将返回同一个上下文对象。

在画布中绘制圆形，可能要涉及几个方法。

方法	功能
beginPath()	开始绘制路径
arc(x,y,radius,startAngle,endAngle,anticlockwise)	x 和 y 定义的是圆的原点，radius 是圆的半径，startAngle 和 endAngle 是弧度，不是度数，anticlockwise 是用来定义画圆的方向，值是 true 或 false
closePath()	结束路径的绘制
fill()	进行填充
stroke()	设置边框

路径是绘制自定义图形的好方法。在canvas中通过beginPath()方法开始绘制路径，这个时候就可以绘制直线、曲线等，绘制完成后调用fill()和stroke()完成填充和设置边框，通过closePath()方法结束路径的绘制。

1 输入代码

新建记事本，输入以下代码，并保存为index.html文件。

```
<!DOCTYPE html>
<html>
<body>
<canvas id="myCanvas" width="300" height="200"
style="border:1px solid blue">
Your browser does not support the canvas element.
</canvas>
<script type="text/javascript">
var c=document.getElementById("myCanvas");
var cxt=c.getContext("2d");
cxt.fillStyle="#FF0000";
cxt.beginPath();
cxt.arc(70,60,50,0,Math.PI*2,true);
cxt.closePath();
cxt.fill();
</script>
</body>
</html>
```

2 在Firefox中浏览效果

在Firefox中浏览效果如图所示，可以看到网页中，在矩形边框中显示了一个红色的圆。

小提示

在上面JavaScript代码中，使用beignPath方法开启一个路径，然后绘制一个圆形，下面关闭这个路径并填充。

9.3 实例3——对画布中图形的操作

本节视频教学时间：20分钟

画布canvas不但可以使用moveTo这样的方法来移动画笔、绘制图形和线条，还可以使用变换来调整画笔下的画布。变换的方法包括：旋转、缩放、变形和平移等。

9.3.1 变换图形原点坐标

平移（translate）即将绘图区相对于当前画布的左上角进行平移。如果不进行变形，绘图区原点和画布原点是重叠的，绘图区相当于画图软件里的热区或当前层；如果进行变形，则坐标位置会移动到一个新位置。

如果要对图形实现平移，需要使用方法translate（x,y）。该方法表示在平面上平移，即以原来原点为参考，然后以偏移后的位置为坐标原点。也就是说原来在（100,100），然后translate（1,1）新的坐标原点在（101,101），而不是（1,1）。

1 输入代码

新建记事本，输入以下代码，并保存为index.html文件。

```
<!DOCTYPE html>
<html>
<head>
<title>绘制坐标变换</title>
<script>
        function draw(id)
        {
                var canvas=document.
getElementById(id);
                if(canvas==null)
                return false;
                var context=canvas.getContext('2d');
                context.fillStyle="#eeeeff";
                context.fillRect(0,0,400,300);
                context.translate(200,50);
                context.fillStyle='rgba(255,0,0,0.25)';
                for(var i=0;i<50;i++){
                        context.translate(25,25);
                context.fillRect(0,0,100,50);
                }
        }
</script>
</head>
<body onload="draw('canvas');">
<h1>变换原点坐标</h1>
<canvas id="canvas" width="400" height="300" />
</body>
</html>
```

2 在Firefox中浏览效果

在Firefox中浏览效果如图所示，可以看到网页中从坐标位置（200,50）开始绘制矩形，且每次以指定的平移距离进行绘制。

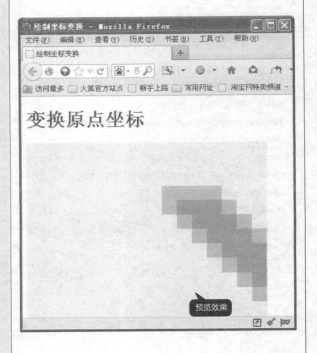

 小提示

在draw函数中，使用fillRect方法绘制了一个矩形，在下面使用translate方法平移到一个新位置，并从新位置开始，使用for循环连续移动多次坐标原点，即多次绘制矩形。

9.3.2 组合多个图形

通过前文知道，可以将一个图形画在另一个之上，但大多数情况下这样是不够的。例如，它会受制于图形的绘制顺序。不过，我们可以利用globalCompositeOperation属性来改变这些做法。不仅可以在已有图形后面画新图形，还可以用来遮盖、清除（比clearRect方法强劲得多）某些区域。

其语法格式如下所示。

globalCompositeOperation = type

表示设置不同形状的组合类型，其中type表示方的图形是已经存在的canvas内容，圆的图形是新的形状。其默认值为source-over，表示在canvas内容上面画新的形状。

属性值type具有12个值，具体如下表所示。

属性值	说明
source-over(default)	这是默认设置，新图形会覆盖在原有内容之上
destination-over	会在原有内容之下绘制新图形
source-in	新图形会仅仅出现与原有内容重叠的部分，其他区域都变成透明的
destination-in	原有内容中与新图形重叠的部分会被保留，其他区域都变成透明的
source-out	结果是只有新图形中与原有内容不重叠的部分会被绘制出来
destination-out	原有内容中与新图形不重叠的部分会被保留
source-atop	新图形中与原有内容重叠的部分会被绘制，并覆盖于原有内容之上
destination-atop	原有内容中与新内容重叠的部分会被保留，并会在原有内容之下绘制新图形
lighter	两图形中重叠部分作加色处理
darker	两图形中重叠的部分作减色处理
xor	重叠的部分会变成透明
copy	只有新图形会被保留，其他都被清除掉

(1) 新建记事本，输入以下代码，并保存为index.html文件。

```
<!DOCTYPE html>
<html>
<head>
<title>绘制图形组合</title>
<script>
function draw(id)
{
 var canvas=document.getElementById(id);
  if(canvas==null)
 return false;
  var context=canvas.getContext('2d');
  <!--定义一个名称为oprtns的数组-->
var oprtns=new Array(
    "source-atop",
    "source-in",
    "source-out",
    "source-over",
    "destination-atop",
    "destination-in",
    "destination-out",
    "destination-over",
    "lighter",
    "copy",
    "xor"
```

```
    );
      <!--绘制一个矩形，并设置矩形的颜色-->
var i=10;
    context.fillStyle="blue";
  context.fillRect(10,10,60,60);
      <!--设置图形的组合方式-->
context.globalCompositeOperation=oprtns[i];    context.beginPath();
    <!--绘制圆并设置属性-->
    context.fillStyle="red";
    context.arc(60,60,30,0,Math.PI*2,false);
    context.fill();
}
</script>
</head>
<body onload="draw('canvas');">
<h1>图形组合</h1>
<canvas id="canvas" width="400" height="300" />
</body>
</html>
```

小提示

在上面的代码中，首先创建了一个oprtns数组，用于存储type的12个值，然后绘制了一个矩形，并使用content上下文对象设置了图形的组合方式，即采用新图形显示、其他被清除的方式，最后使用arc绘制了一个圆。

(2) 在Firefox中浏览效果如图所示，在显示页面上绘制了一个矩形和圆，但矩形和圆接触的地方以空白显示。

9.3.3 添加图形阴影

在画布canvas上绘制带有阴影效果的图形非常简单，只需设置几个属性即可。这几个属性分别为shadowOffsetX、shadowOffsetY、shadowBlur和shadowColor。shadowColor表示阴影颜色，值和CSS颜色值一致。shadowBlur表示设置阴影模糊程度，此值越大阴影越模糊。shadowOffsetX和 shadowOffsetY表示阴影的x和y偏移量，单位是像素。

1 输入代码

　　新建记事本，输入以下代码，并保存为index.html文件。

```
<!DOCTYPE html>
<html>
 <head>
 <title>绘制阴影效果图形</title>
 </head>
 <body>
        <canvas id="my_canvas" width="200"
height="200" style="border:1px solid #ff0000"></
canvas>
        <script type="text/javascript">
                var elem = document.
getElementById("my_canvas");
                if (elem && elem.getContext) {
                        var context = elem.
getContext("2d");
                        //shadowOffsetX 和
shadowOffsetY：阴影的 x 和 y 偏移量，单位是像
素。
                        context.shadowOffsetX = 15;
                        context.shadowOffsetY = 15;
                        //hadowBlur：设置阴影
模糊程度。此值越大，阴影越模糊。其效果和
Photoshop 的高斯模糊滤镜相同。
                        context.shadowBlur    = 10;
                        //shadowColor：阴影颜色。
其值和 CSS 颜色值一致。
                        //context.shadowColor    =
'rgba(255, 0, 0, 0.5)'; 或下面的十六进制的表示方法
                        context.shadowColor = '#f00';
                        context.fillStyle    = '#00f';
                        context.fillRect(20, 20, 150, 100);
                }
        </script>
 </body>
</html>
```

2 在Firefox中浏览效果

　　在Firefox中浏览效果如图所示，在显示页面上显示了一个蓝色矩形，其阴影为红色矩形。

预览效果

9.4 实例4——处理画布中的图像

本节视频教学时间：14分钟

　　画布canvas有一项功能就是可以引入图像，可以用于图片合成或者制作背景等。而目前仅可以在图像中加入文字。只要是Geck支持的图像（如PNG、GIF、JPEG等）都可以引入canvas中，而且其他的canvas元素也可以作为图像的来源。

9.4.1 绘制图像

要在画布canvas上绘制图像，需要先有一个图片。这个图片可以是已经存在的<img>元素，也可以通过JS创建。无论采用哪种方式，都需要在绘制canvas之前完全加载这张图片。浏览器通常会在页面脚本执行的同时异步加载图片。如果试图在图片未完全加载之前就将其呈现到canvas上，那么canvas将不会显示任何图片。

捕获和绘制图形完全是通过drawImage方法完成的，它可以接受不同的HTML参数。具体含义如下表所示。

方法	功能
drawIamge(image,dx,dy)	接受一个图片，并将之画到 canvas 中。给出的坐标（dx,dy）代表图片的左上角。例如，坐标（0，0）将把图片画到 canvas 的左上角
drawIamge(image,dx,dy,dw,dh)	接受一个图片，将其缩放为宽度 dw 和高度 dh，然后把它画到 canvas 上的 (dx,dy) 位置
drawIamge(image,sx,sy,sw,sh,dx,dy,dw,dh)	接受一个图片，通过参数(sx,sy,sw,sh)指定图片裁剪的范围，缩放到 (dw,dh) 的大小，最后把它画到 canvas 上的 (dx,dy) 位置

1 输入代码

新建记事本，输入以下代码，并保存为index.html文件。

```
<!DOCTYPE html>
<html>
<head><title>绘制图像</title></head>
<body>
<canvas id="canvas" width="300" height="200"
style="border:1px solid blue">
Your browser does not support the canvas element.
</canvas>
<script type="text/javascript">
window.onload=function(){
    var ctx=document.getElementById("canvas").
getContext("2d");
    var img=new Image();
    img.src="1.jpg";
    img.onload=function(){
        ctx.drawImage(img,0,0);
    }
}
</script>
</body>
</html>
```

2 在Firefox中浏览效果

在Firefox中浏览效果如图所示，在显示页面上插入了一个图像，并在画布中显示。

预览效果

小提示

在上面代码中，使用窗口的onload加载事件，即页面被加载时执行函数。在函数中，创建上下文对象ctx，并创建Image对象img；下面使用img对象的属性src设置图片来源，最后使用drawImage画出当前的图像。图像按照原始尺寸显示，不执行缩放。

9.4.2 平铺图像

使用画布canvas绘制图像有很多种用处，其中一个就是将绘制的图像作为背景图片使用。在做背景图片时，如果显示图片的区域大小不能直接设定，通常将图片以平铺的方式显示。

HTML 5 Canvas API支持图片平铺，此时需要调用createPattern函数以替代之前的drawImage函数。函数createPattern的语法格式如下所示。

createPattern(image,type)

其中image表示要绘制的图像，type表示平铺的类型。其具体含义如下表所示。

参数值	说明
no-repeat	不平铺
repeat-x	横方向平铺
repeat-y	纵方向平铺
repeat	全方向平铺

1 输入代码

新建记事本，输入以下代码，并保存为index.html文件。

```
<!DOCTYPE html>
<html>
<head>
<title>绘制图像平铺</title>
</head>
<body onload="draw('canvas');">
<h1>图形平铺</h1>
<canvas id="canvas" width="400" height="300"></canvas>
<script>
        function draw(id){
        var canvas=document.getElementById(id);
                if(canvas==null){
                        return false;
                }
        var context=canvas.getContext('2d');
                context.fillStyle="#eeeeff";
                context.fillRect(0,0,400,300);
                image=new Image();
                image.src="1.jpg";
                image.onload=function(){
  var ptrn=context.createPattern(image,'repeat');
                        context.fillStyle=ptrn;
                context.fillRect(0,0,400,300);
                }
        }
</script>
</body>
</html>
```

2 在Firefox中浏览效果

在Firefox中浏览效果如图所示，在显示页面上绘制了一个图像，以平铺的方式充满整个矩形。

预览效果

小提示

上面代码中，使用fillRect创建了一个宽度为400、高度为300、左上角坐标位置为（0，0）的矩形，下面创建了一个Image对象，src表示连接一个图像源，然后使用createPattern绘制一个图像。其方式是以完全平铺，并将这个图像作为一个模式填充到矩形中。最后绘制这个矩形，其大小完全覆盖原来的图形。

9.4.3 切割图像

在处理图像时经常会遇到裁剪这种需求，即在画布上裁剪出一块区域。这块区域是在裁剪动作clip之前由绘图路径设定的，可以是方形、圆形、五星形和其他任何能绘制的轮廓形状。所以裁剪路径其实就是绘图路径，只不过这个路径不是拿来绘图的，而是设定显示区域和遮挡区域的一个分界线。

完成对图像的裁剪，可能要用到clip方法。clip方法表示给canvas设置一个剪辑区域，在调用clip方法之后的代码只对这个设定的剪辑区域有效，而不会影响其他地方。这个方法在要进行局部更新时很有用。默认情况下，剪辑区域是一个左上角在（0，0）、宽和高分别等于canvas元素的宽和高的矩形。

(1) 新建记事本，输入以下代码，并保存为index.html文件。

```
<!DOCTYPE html>
<html>
<head>
<title>绘制图像裁剪</title>
<script type="text/javascript" src="script.js"></script>
</head>
<body onload="draw('canvas');">
<h1>图像裁剪实例</h1>
<canvas id="canvas" width="400" height="300"></canvas>
<script>
        function draw(id){
                var canvas=document.getElementById(id);
                if(canvas==null){
                        return false;
                }
                var context=canvas.getContext('2d');
                var gr=context.createLinearGradient(0,400,300,0);
                gr.addColorStop(0,'rgb(255,255,0)');
                gr.addColorStop(1,'rgb(0,255,255)');
                context.fillStyle=gr;
                context.fillRect(0,0,400,300);
                image=new Image();
                image.onload=function(){
                        drawImg(context,image);
                };
                image.src="1.jpg";
        }
        function drawImg(context,image){
                create8StarClip(context);
                context.drawImage(image,-50,-150,300,300);
        }
        function create8StarClip(context){
                var n=0;
                var dx=100;
                var dy=0;
                var s=150;
                context.beginPath();
                context.translate(100,150);
        var x=Math.sin(0);
                var y=Math.cos(0);
                var dig=Math.PI/5*4;
```

```
                    for(var i=0;i<8;i++){
                            var x=Math.sin(i*dig);
                            var y=Math.cos(i*dig);
                            context.lineTo(dx+x*s,dy+y*s);
                    }
                    context.clip();
            }
    </script>
    </body>
    </html>
```

 小提示

上面代码中，创建了三个JavaScript函数，其中create8StarClip函数完成了多边的图形创建，并以此图形作为裁剪的依据。drawImg函数表示绘制一个图形，其带有裁剪区域。draw函数完成对画布对象的获取，并定义一个线性渐变，然后创建了一个Image对象。

(2) 在Firefox中浏览效果如图所示，在显示页面上绘制一个多边形，图像作为五边形的背景显示，从而实现对象图像的裁剪。

9.4.4 处理像素

在电脑屏幕上可以看到色彩斑斓的图像，其实这些都是由一个个像素点组成的。一个像素对应着内存中一组连续的二进制位，由于是二进制位，每个位上的取值当然只能是0或者1了。这样，这组连续的二进制位就可以由0和1排列组合出很多种情况，而每一种排列组合就决定了这个像素的一种颜色。因此，每个像素点由四个字节组成。

这四个字节代表含义分别是，第一个字节决定像素的红色值；第二个字节决定像素的绿色值；第三个字节决定像素的蓝色值；第四个字节决定像素的透明度值。

在画布中，可以使用ImageData对象来保存图像像素值。它有width、height和data三个属性，其中data属性就是一个连续数组，图像的所有像素值其实是保存在data里面的。

data属性保存像素值的方法：

    imageData.data[index*4 +0]
    imageData.data[index*4 +1]
    imageData.data[index*4 +2]
    imageData.data[index*4 +3]

上面取出了data数组中连续相邻的四个值，分别代表了图像中第index+1个像素的红色、绿色、蓝色和透明度值的大小。需要注意的是index从0开始，图像中总共有width * height个像素，数组中总共保存了width * height * 4个数值。

画布对象有三个方法用来创建、读取和设置ImageData对象，如下表所示。

方法	说明
createImageData(width, height)	在内存中创建一个指定大小的 ImageData 对象（即像素数组），对象中的像素点都是黑色透明的，即 rgba(0,0,0,0)
getImageData(x, y, width, height)	返回一个 ImageData 对象，其中包含了指定区域的像素数组
putImageData(data, x, y)	将 ImageData 对象绘制到屏幕的指定区域上

1 输入代码

新建记事本，输入以下代码，并保存为index.html1文件。

```html
<!DOCTYPE html>
< html>
<head>
<title>图像像素处理</title>
<script type="text/javascript" src="script.js"></script>
</head>
<body onload="draw('canvas');">
<h1>像素处理示例</h1>
<canvas id="canvas" width="400" height="300"></canvas>
<script>
        function draw(id){
var canvas=document.getElementById(id);
                if(canvas==null){
                        return false;
                }
        var context=canvas.getContext('2d');
        image=new Image();
        image.src="1.jpg";
        image.onload=function(){
        context.drawImage(image,0,0);
var imagedata=context.getImageData(0,0,image.width,image.height);
for(var i=0,n=imagedata.data.length;i<n;i+=4){
imagedata.data[i+0]=255−imagedata.data[i+0];
imagedata.data[i+1]=255−imagedata.data[i+2];
imagedata.data[i+2]=255−imagedata.data[i+1];

                }
        context.putImageData(imagedata,0,0);
                };
        }
</script>
</body>
</html>
```

2 在Firefox中浏览效果

在Firefox中浏览效果如图所示，在显示页面上显示了一个图像，明显经过像素处理，显示得没有原来清晰。

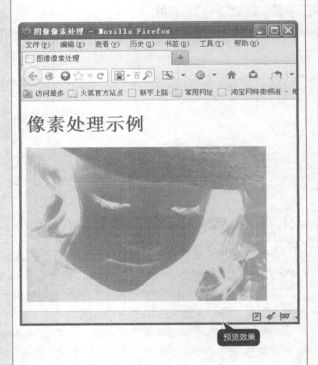

预览效果

小提示

在上面代码中，使用getImageData方法获取一个ImageData对象，并包含相关的像素数组。在for循环中，使用对像素值重新赋值，最后使用putImageData将处理过的图像在画布上绘制出来。

9.5 实例5——运用样式与颜色

本节视频教学时间：23分钟

使用canvas除了可以简单地绘制图像外，还可以对颜色、透明度、线性和渐变等进行细致的设置。具体内容介绍如下。

9.5.1 色彩设置

在canvas中用于实现颜色设置的属性主要有两个：fillStyle和strokeStyle。使用这两个属性的代码格式如下。

```
fillStyle = color
strokeStyle = color
```

其中fillStyle用于设置填充颜色，而strokeStyle用于设置图形轮廓的颜色。填充的color值可以是表示CSS颜色值的字符串、渐变对象或者图案对象。

下面举例介绍颜色的多种设置方法。

```
ctx.fillStyle = "orange" ;
ctx.fillStyle = "#FFA500" ;
ctx.fillStyle = "rgb(255,165,0)" ;
```

以上代码中的color值都表示橙色，如其中"rgb(255,165,0)"属于RGB颜色。

小提示

并非所有的浏览器都可以支持各种color值表示方法，如目前的Gecko引擎并没有提供对所有的CSS 3 颜色值的支持。但如果在进行颜色设置时按照以上方式将多种颜色表示方法都输入，那么在浏览页面时会自动选择可用的表示方式显示颜色，就解决了浏览器的支持问题。

由于上文案例中已经用到了fillStyle和strokeStyle属性，所以具体案例就不再演示。

9.5.2 透明度

除了可以绘制实色图形外，还可以用canvas来绘制半透明的图形。该项功能主要通过globalAlpha属性来完成。

globalAlpha = transparency value

globalAlpha属性影响到canvas标签中所有图形的透明度，有效的值范围是0.0（完全透明）到1.0（完全不透明），默认是1.0。globalAlpha属性在需要绘制大量拥有相同透明度的图形时相当高效。

1. globalAlpha示例

下面实例中制作了一个径向渐变的半透明效果。

1 输入代码

新建记事本，输入以下代码，并保存为index.html文件。

```html
<!DOCTYPE HTML>
<html>
<head>
<title>globalAlpha</title>
<script type="text/javascript">
function draw() {
var cxt = document.getElementById("myCanvas").getContext("2d");
cxt.fillStyle="#F30";
cxt.fillRect(0,0,100,100);
cxt.fillStyle="#09F"
cxt.fillRect(100,0,100,100);
cxt.fillStyle="#6C0";
cxt.fillRect(0,100,100,100);
cxt.fillStyle="#FD0";
cxt.fillRect(100,100,100,100);

cxt.fillStyle="#FFF";
cxt.globalAlpha=0.2;
for (i=0; i<7; i++)
{
cxt.beginPath();
cxt.arc(100,100,10+20*i,0,Math.PI*2,true);
cxt.fill();
}
}
</script>
</head>
<body onLoad="draw()">
<canvas id="myCanvas" width="200" height="200"
style="border:2px solid #000;"></canvas>
</body>
</html>
```

2 在Firefox中浏览效果

使用Firefox浏览器查看文件，显示效果如下图所示。

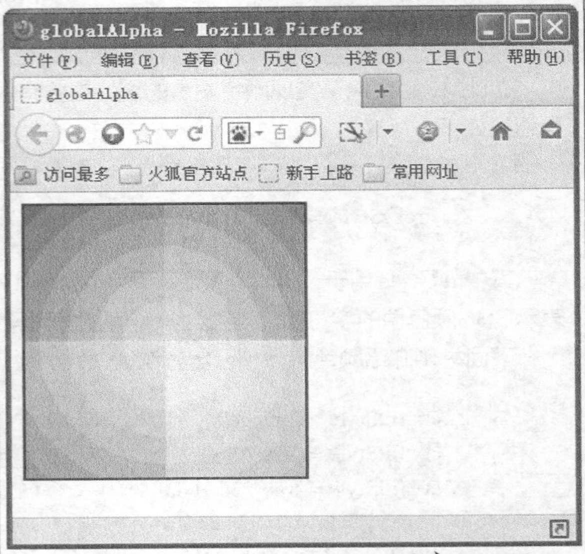

预览效果

2. rgba()示例

还可以使用rgba()的方式设置颜色及透明度。该方法可以指定某一颜色设置透明度，同时还可以分别设置轮廓和填充样式，因而具有更强的可操作性和使用弹性。

下面来列举一个使用rgba()方式设置透明度的案例。

1 输入代码

新建记事本，输入以下代码，并保存为index.html文件。

```
<!DOCTYPE HTML>
<html>
<head>
<title>globalAlpha</title>
<script type="text/javascript">
function draw() {
var cxt = document.getElementById("myCanvas").
getContext("2d");
cxt.fillStyle="rgba(255,0,0,0.8)";
cxt.fillRect(0,0,100,100);
cxt.fillStyle="rgba(0,255,0,0.6)"
cxt.fillRect(100,0,100,100);
cxt.fillStyle="rgba(0,0,255,0.4)";
cxt.fillRect(0,100,100,100);
cxt.fillStyle="rgba(150,0,100,0.2)";
cxt.fillRect(100,100,100,100);
cxt.fillStyle="rgb(255,255,255)";
}
</script>
</head>
<body onLoad="draw()">
<canvas id="myCanvas" width="200" height="200"
style="border:2px solid #000;"></canvas>
</body>
</html>
```

2 在Firefox中浏览效果

使用Firefox浏览器查看文件，显示效果如图所示。

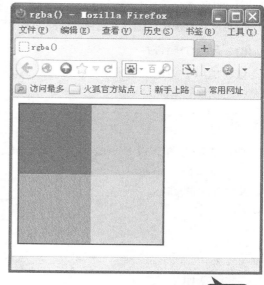

预览效果

3 修改代码

如果代码中不为颜色指定透明度，则颜色可以使用rgb()表示，修改的代码如下。

```
function draw() {
var cxt = document.getElementById("myCanvas").
getContext("2d");
cxt.fillStyle="rgba(255,0,0,0.8)";
cxt.fillRect(0,0,100,100);
cxt.fillStyle="rgb(0,255,0)"
cxt.fillRect(100,0,100,100);
cxt.fillStyle="rgb(0,0,255)";
cxt.fillRect(0,100,100,100);
cxt.fillStyle="rgb(150,0,100)";
cxt.fillRect(100,100,100,100);
cxt.fillStyle="rgb(255,255,255)";
}
```

4 在Firefox中浏览效果

使用Firefox浏览器查看文件，效果如下图所示。

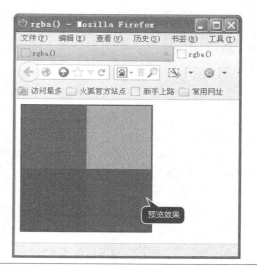

预览效果

9.5.3 线型

可以通过相应的属性来调整canvas动画的线型，常见的有以下四种。

```
lineWidth = value
lineCap = type
lineJoin = type
miterLimit = value
```

下面来分别举例介绍以上四种属性的相关内容。

1. lineWidth属性

该属性用于指定绘制线条的宽度，默认值是1.0，并且属性值必须大于0.0。下面来列举一个linewidth属性的案例。

1 输入代码	**2** 在Firefox浏览器中查看效果
新建记事本，输入以下代码，并保存为html文件。	使用Firefox浏览器查看文件，显示效果如下图所示。

输入代码：

```html
<!DOCTYPE HTML>
<html>
<head>
<title>lineWidth</title>
<script type="text/javascript">
function draw(){
var cxt = document.getElementById("myCanvas").
getContext("2d");
for (i=0; i<10; i++)
{
cxt.lineWidth=1+i;          //线宽值为1+i，i++循
环，得到的线宽值为1、2、3、4……10
cxt.strokeStyle="#00f";        //线颜色
cxt.beginPath();
cxt.moveTo(10+i*20,5);          //线顶端水平起点
为10+i*20，线顶端垂直起点为5
cxt.lineTo(10+i*20,190);          //线底端水平起点
为10+i*20，线底端垂直结束点为190
cxt.stroke();
}
}
</script>
</head>
<body onLoad="draw()">
<canvas id="myCanvas" width="200" height="200"
style="border:4px solid #000;"></canvas>
//画布尺寸为200*200
</body>
</html>
```

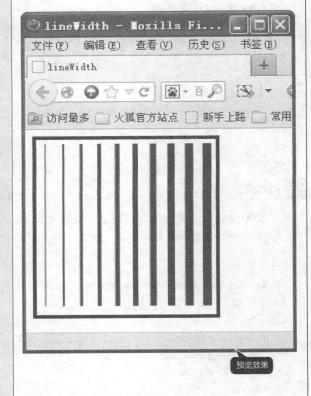

适当调整相关参数，线型会发生变化。For循环语句的代码做如下调整。

```
for (i=0; i<10; i++)
{
cxt.lineWidth=2+i;
cxt.strokeStyle="#00f";
cxt.beginPath();
cxt.moveTo(10+i*20,20);
cxt.lineTo(10+i*20,150);
cxt.stroke();
}
```

使用Firefox浏览器打开修改后的文件，调整后线变短变粗。

2. lineCap属性

lineCap属性指定线段如何结束。只有绘制较宽线段时，它才有效。这个属性的合法值有以下三种：butt、round和square，默认值为butt。

(1)butt：这个默认值指定了线段应该没有线帽。线条的末点是平直的而且和线条的方向正交，这条线段在其端点之外没有扩展。

(2)round：这个值指定了线段应该带有一个半圆形的线帽，半圆的直径等于线段的宽度，并且线段在端点之外扩展了线段宽度的一半。

(3)square：这个值表示线段应该带有一个矩形线帽。这个值和"butt"一样，但是线段扩展了自己宽度的一半。

3. lineJoin属性

lineJoin属性说明如何绘制交点，即图形中两线段连接处的样式。它可以是这三种之一：round、bevel和miter，默认值是miter。

当一个路径包含了线段或曲线相交的交点时，lineJoin属性说明如何绘制这些交点。只有当绘制具有宽度的线条的时候，这一属性的效果才能表现出来。

这一属性的默认值是miter，它说明了两条线段的外边缘一直扩展到它们相交。当两条线段以一个锐角相交时，斜角连接可能会变得很长。miterLimit属性为一个斜面的长度设置了上限，超过这一限制斜面就变成斜角了。

值round说明定点的外边缘应该和一个填充的弧接合，这个弧的直径等于线段的宽度。bevel值说明顶点的外边缘应该和一个填充的三角形相交。

下面来列举一个linejoin属性的案例。

1 输入代码	2 在Firefox中浏览效果

1 输入代码

新建记事本，输入以下代码，并保存为index.html文件。

```
<!DOCTYPE HMTL>
<html>
<head>
<title>lineJoin</title>
<script type="text/javascript">
function draw() {
var cxt = document.getElementById("myCanvas").getContext("2d");
var lineJoin = ["round","bevel","miter"];
cxt.lineWidth = 10;
cxt.strokeStyle="#00f";
for (i=0; i<lineJoin.length; i++){
cxt.lineJoin = lineJoin[i];
cxt.beginPath();
cxt.moveTo(10+i*50,5);
cxt.lineTo(60+i*50,30);
cxt.lineTo(10+i*50,60);
cxt.lineTo(60+i*50,90);
cxt.lineTo(10+i*50,120);
cxt.stroke();
}
}
</script>
</head>
<body onLoad="draw()">
<canvas id="myCanvas" height="150" width="200";"></canvas>
</body>
</html>
```

2 在Firefox中浏览效果

使用Firefox浏览器查看文件，显示效果如图所示。

预览效果

4. miterLimit属性

miterLimit属性说明如何绘制交点。

当宽线条使用设置为miter的lineJoin属性绘制并且两条线段以锐角相交的时候，所得的斜面可能相当长。当斜面太长，就会变得不协调。miterLimit属性为斜面的长度设置一个上限。这个属性表示斜面长度和线条长度的比值。默认值是10，意味着一个斜面的长度不应该超过线条宽度的10倍。如果斜面达到这个长度，就变成斜角了。当lineJoin为round或bevel的时候，这个属性无效。

9.5.4 渐变

可以创建canvasGradient对象，该对象表示一个颜色渐变，可以使用 CanvasRendering Context2D对象的strokeStyle属性和fillStyle属性来指定。

CanvasRenderingContext2D对象的createLinearGradient()方法和createRadialGradient()方法都返回CanvasGradient对象。两种方法的代码格式如下。

```
createLinearGradient (x1,y1,x2,y2)
createRadialGradient (x1,y1,r1,x2,y2,r2)
```

createLinearGradient方法有4个参数值，x1,y1表示渐变的起点，x2,y2表示渐变的终点。

createRadialGradient方法有6个参数值，前三个定义一个以（x1,y1）为原点，半径为r1的圆，后三个则定义另一个以（x2,y2）为原点，半径为 r2 的圆。

一旦创建了一个 CanvasGradient 对象，就使用 addColorStop() 方法来指定应该出现在渐变中各个位置的颜色。在指定的位置之间，颜色通过插值来产生一个平滑的渐变或过渡。在渐变的开始处和结束处显式地创建透明的黑色色标。

addColorStop (position, color)

addColorStop 方法有 2 个参数值，position 参数表示渐变中颜色所在的相对位置，取值范围为0.0~1.0 之间的数值。color 参数必须是一个有效的 CSS 颜色值，如 #FFF、rgba（0,0,0,1）等。

1. createLinearGradient方法

下面来列举一个使用 createLinearGradient 方法的实例。实例中将介绍两种不同的渐变，一种是背景色渐变，另一种是描边渐变。其具体操作方法如下。

1 输入代码

新建记事本，输入以下代码，并保存为 html 文件。

```
<!DOCTYPE HTML>
<html>
<head>
<title>linearGradient</title>
<script type="text/javascript">
function draw() {
var cxt = document.getElementById("myCanvas").
getContext("2d");
//创建渐变
var lingrad = cxt.createLinearGradient(0,0,180,0);
//创建第一个渐变对象，渐变起点为0,0，终点为
180,0
lingrad.addColorStop(0,"#00f");
//第一个渐变颜色为#00f，颜色位置为渐变区域的0
位置，即起点
lingrad.addColorStop(0.5,"#fff");
//第二个渐变颜色为#fff，颜色位置为渐变区域的0.5
位置，即中间
lingrad.addColorStop(0.5,"#f00");
//第三个渐变颜色为#f00，颜色位置为渐变区域的0.5
位置，即中间
lingrad.addColorStop(1,"#fff");
//第四个渐变颜色为#fff，颜色位置为渐变区域的1位
置，即渐变区域终点
var lingrad2 = cxt.createLinearGradient(50,0,150,0);
//创建第二个渐变对象
lingrad2.addColorStop(0,"#000");
//设置渐变起点颜色
lingrad2.addColorStop(1,"rgba(0,0,0,0)");
cxt.fillStyle=lingrad;          //指定渐变填充样式
cxt.strokeStyle=lingrad2;       //指定描边样式

cxt.fillRect(20,20,160,160);        //绘制图形
cxt.strokeRect(50,50,100,100);
}
</script>
<body onLoad="draw()">
<canvas id="myCanvas" height="200" width="200"
style="border:4px solid #000;"></canvas>   //创建画布
</body>
</html>
```

2 在Firefox浏览器中查看效果

使用 Firefox 浏览器查看文件，显示效果如图所示。

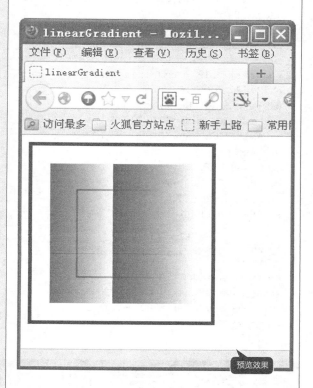

预览效果

小提示

第一个渐变对象的中间两个渐变色设置在同一个位置，这样可以呈现出颜色瞬间变化的效果。

2. createRadialGradient方法

下面来列举一个使用createRadialGradient方法的实例。实例中通过制定渐变起点和半径，绘制了两个渐变圆。其具体操作方法如下。

1 输入代码

新建记事本，输入以下代码，并保存为html文件。

```
<!DOCTYPE HTML>
<html>
<head>
<title>createRadialGradient</title>
<script type="text/javascript">
function draw(){
var cxt = document.getElementById("myCanvas").
getContext("2d");
//创建渐变
var radgrad = cxt.createRadialGradie
nt(50,50,20,55,55,50);
radgrad.addColorStop(0,"#fff");
radgrad.addColorStop(0.9,"#f00");
radgrad.addColorStop(1,"rgba(1,159,98,0)");
var radgrad2 = cxt.createRadialGradie
nt(120,120,20,150,150,80);
radgrad2.addColorStop(0,"#ff0");
radgrad2.addColorStop(0.7,"#0ff");
radgrad2.addColorStop(1,"rgba(255,1,136,0)");
//绘制图形
cxt.fillStyle=radgrad;
cxt.fillRect(0,0,190,190);
cxt.fillStyle=radgrad2;
cxt.fillRect(0,0,190,190);
}
</script>
</head>
<body onLoad="draw()">
<canvas id="myCanvas" height="200" width="200"
style="border:4px solid #000;"></canvas>
</body>
</html>
```

2 在Firefox浏览器中查看文件

使用Firefox浏览器查看文件，显示效果如图所示。

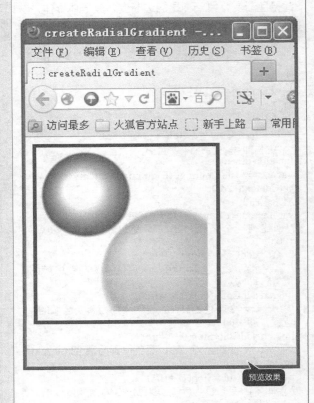

预览效果

9.6 实例6——画布的其他应用

本节视频教学时间：10分钟

在画布中还可以绘制文字，可以制作简单的动画，下面就来详细介绍这些应用。

9.6.1 绘制文字

在画布中绘制字符串（文字）的方式，操作其他路径对象的方式相同，可以描绘文本轮廓和填充文本内部；同时，所有能够应用于其他图形的变换和样式都可用于文本。

文本绘制功能由两个函数组成，如下表所示。

方法	说明
fillText(text,x,y,maxwidth)	绘制带 fillStyle 填充的文字，文本参数以及用于指定文本位置的坐标参数。maxwidth 是可选参数，用于限制字体大小，会将文本字体强制收缩到指定尺寸
trokeText(text,x,y,maxwidth)	绘制只有 strokeStyle 边框的文字，其参数含义和上一个方法相同
measureText	该函数会返回一个度量对象，其包含了在当前 context 环境下指定文本的实际显示宽度

为了保证文本在各浏览器下都能正常显示，在绘制上下文里有以下字体属性。

(1) font可以是CSS字体规则中的任何值。包括：字体样式、字体变种、字体大小与粗细、行高和字体名称。

(2) textAlign控制文本的对齐方式。它类似于（但不完全相同）CSS中的text-align。可能的取值为：start、end、left、right和center。

(3) textBaseline控制文本相对于起点的位置。可以取值有：top、hanging、middle、alphabetic、ideographic和bottom。对于简单的英文字母，可以放心地使用top、middle或bottom作为文本基线。

1 输入代码

新建记事本，输入以下代码，并保存为html文件。

```html
<!DOCTYPE html>
<html>
 <head>
 <meta http-equiv="Content-Type" content="text/html; charset=utf-8" />
 <title>Canvas</title>
 </head>
 <body>
 <canvas id="my_canvas" width="200" height="200" style="border:1px solid #ff0000"></canvas>
        <script type="text/javascript">
 var elem = document.getElementById("my_canvas");
        if (elem && elem.getContext) {
        var context = elem.getContext("2d");
        context.fillStyle  = '#00f';
//font：文字字体，同 CSSfont-family 属性
context.font = 'italic 30px 黑体';  //斜体 30像素 微软雅黑字体
//textAlign：文字水平对齐方式。可取属性值: start, end, left,right, center。默认值:start。
        context.textAlign = 'left';
//文字竖直对齐方式。可取属性值: top, hanging, middle,alphabetic, ideographic, bottom。默认值: alphabetic
        context.textBaseline = 'top';
//要输出的文字内容，文字位置坐标，第四个参数为可选选项——最大宽度。如果需要的话，浏览器会缩减文字以让它适应指定宽度
context.fillText  ('2012共创辉煌！',20,20,100);   //有填充
        context.font   = 'bold 30px sans-serif';
 context.strokeText('2012共创辉煌!',20,100,150);   //只有文字边框
        }
        </script>
 </body>
</html>
```

2 在Firefox浏览器中查看文件

在Firefox浏览器中浏览效果如图所示，在显示页面上显示了一个画布边框，画布中显示了两个不同的字符串，第一个字符串以斜体显示，文字填充为蓝色。第二个字符串字体颜色为黑色，加粗显示文字边框。

9.6.2 保存、恢复及输出图形

在画布对象中，由两个方法管理绘制状态的当前栈，save方法把当前状态压入栈中，而restore从栈顶弹出状态。绘制状态不会覆盖对画布所做的每件事情。其中save方法用来保存canvas的状态。save之后，可以调用Canvas的平移、缩放、旋转、错切、裁剪等操作。Restore方法用来恢复Canvas之前保存的状态，防止save后对Canvas执行的操作对后续的绘制有影响。save和restore要配对使用（restore可以比save少，但不能多），如果restore调用次数比save多，会引发Error。

1 输入代码

新建记事本，输入以下代码，并保存为html文件。

```html
<!DOCTYPE html>
<html>
<head><title>保存与恢复</title></head>
<body>
<canvas id="myCanvas" width="500" height="400"
style="border:1px solid blue">
Your browser does not support the canvas element.
</canvas>
<script type="text/javascript">
var c=document.getElementById("myCanvas");
var ctx=c.getContext("2d");
ctx.fillStyle = "rgb(0,0,255)";
ctx.save();
ctx.fillRect(50,50,100,100);
ctx.fillStyle = "rgb(255,0,0)";
ctx.save();
ctx.fillRect(200,50,100,100);
ctx.restore()
ctx.fillRect(350,50,100,100);
ctx.restore();
ctx.fillRect(50, 200, 100, 100);
</script>
</body>
</html>
```

2 在Firefox浏览器中查看文件

在Firefox中浏览效果如图所示，在显示页面上绘制了四个矩形，第一个和第四个矩形显示为蓝色，第二个和第三个矩形显示为红色。

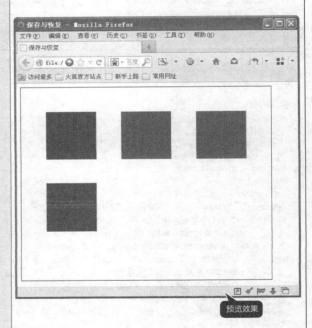

预览效果

小提示

在上面代码中，绘制了四个矩形，在第一个绘制之前，定义了当前矩形的显示颜色，并将此样式加入栈中，然后创建了一个矩形。在第二个绘制之前，重新定义了矩形显示颜色，并使用save将此样式压入栈中，然后创建了一个矩形。在第三个绘制之前，使用restore恢复当前显示颜色，即调用栈中的最上层颜色，绘制矩形。在第四个绘制之前，继续使用restore方法，调用最后一个栈中元素定义矩形颜色。

9.6.3 制作简单的动画

利用容器画布canvas这个新特性，可以在网页中创建一个类似于钟表的特效。本实例创建了一个时钟特效，具体步骤如下所示。

1. 分析需求

在画布上绘制时钟，需要绘制几个必要的图形，表盘、时针、分针、秒针和中心圆这几个图形。这样将上面几个图形组合起来，构成一个时针界面，然后使用JS代码，根据时间设定秒针、分针和时针。

2. 创建HTML页面

```
<!DOCTYPE html>
<html>
<head>
<title>canvas时钟</title>
</head>
<body>
<canvas id="canvas" width="200" height="200" style="border:1px solid #000;">您的浏览器不支持Canvas。</canvas>
</body>
</html>
```

上面代码创建了一个画布，其宽度为200像素，高度为200像素，带有边框，颜色为黑色，样式为直线型。在Firefox中浏览效果如图所示，可以看到显示了一个带有黑色边框的画布，其中没有任何信息。

3. 添加JavaScript，绘制不同图形

```
<script type="text/javascript">
var clock = document.getElementById("clock");
var ctx = null;

function drawClock() {
          var radius = 100;
          var hourWidth = 60;
          var minutesWidth = 80;
          var secondsWidth = 90;
var date = new Date();
var hour = date.getHours();
          var minutes = date.getMinutes();
var seconds = date.getSeconds();
if (hour > 12) {
                    hour -= 12;
          }
          var hourAngle = (hour * 30 - 90) * Math.PI / 180;
          var minutesAngle = (minutes * 6 - 90) * Math.PI / 180;
          var secondsAngle = (seconds * 6 - 90) * Math.PI / 180;
          //console.log(hour + ":" + minutes + ":" + seconds);
          ctx = clock.getContext("2d");
          ctx.save();
          ctx.translate(0, 0);
          ctx.clearRect(0, 0, clock.width, clock.height);
          ctx.strokeStyle = "black";
          ctx.save();
          //绘制路径
          ctx.beginPath();
          //绘制外圈
          ctx.arc(100, 100, 99, 0, 2*Math.PI, false);
          //绘制内圈
          ctx.moveTo(195, 150);
          ctx.arc(100, 100, 95, 0, 2*Math.PI, false);
          //路径描边
          ctx.stroke();
          ctx.restore();
          ctx.save();
          ctx.translate(100, 100);
          ctx.font = "bold 10px Arial";
          ctx.textAlign = "center";
          ctx.textBaseline = "middle";
          ctx.fillText("12", 0, -88);
          ctx.fillText("3", 88, 0);
```

```
            ctx.fillText("6", 0, 88);
            ctx.fillText("9", –88, 0);
            ctx.stroke();
            ctx.restore();
            //绘制时针
            ctx.save();
            ctx.beginPath();
            ctx.translate(100, 100);
            ctx.strokeStyle = "green";
            ctx.moveTo(0, 0);
            ctx.lineTo(hourWidth * Math.cos(hourAngle), hourWidth * Math.sin(hourAngle));
            ctx.stroke();
            ctx.restore();
    //绘制分针
            ctx.save();
            ctx.beginPath();
            ctx.translate(100, 100);
            ctx.strokeStyle = "blue";
            ctx.moveTo(0, 0);
            ctx.lineTo(minutesWidth * Math.cos(minutesAngle), minutesWidth * Math.sin(minutesAngle));
            ctx.stroke();
            ctx.restore();
            //绘制秒针
            ctx.save();
            ctx.translate(100, 100);
            ctx.strokeStyle = "red";
            ctx.beginPath();
            ctx.moveTo(0, 0);
            ctx.lineTo(secondsWidth * Math.cos(secondsAngle), secondsWidth * Math.sin(secondsAngle));
            ctx.stroke();
            ctx.restore();
    }
    if (clock.getContext) {
            drawClock();
            setInterval(drawClock, 1000);
    }
    </script>
```

    上面代码首先绘制不同类型的图形，如时针、秒针和分针等。然后再将其组合在一起，并根据时间定义时针等指向。在Firefox中浏览效果如图所示，可以看到页面中出现了一个时钟，其秒针在不停地移动。

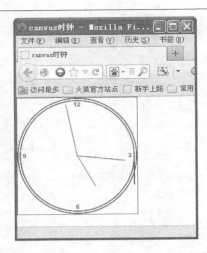

举一反三

本章学习了网页Canvas动画的设计方法。通过本章的学习，可以在网页中绘制各种图形。下面可以尝试使用MoveTo与LineTo来绘制一个五角星，效果如图所示。

 高手私房菜

技巧1：定义canvas宽度和高度时，是否可以在CSS属性中进行

在添加一个canvas标签的时候，会在canvas的属性里填写要初始化的canvas的高度和宽度。

```
<canvas width="500" height="400">Not Supported!</canvas>
```

如果把高度和宽度写在了css里面，结果发现在绘图的时候坐标获取出现差异，canvas.width和canvas.height分别是300和150，和预期的不一样。这是因为canvas要求这两个属性必须与canvas标记一起出现。

技巧2：画布中stroke和fill二者的区别是什么

HTML 5中将图形分为两大类：第一类称作Stroke，就是轮廓、勾勒或者线条，总之图形是由线条组成的；第二类称作Fill，就是填充区域。上下文对象中有两个绘制矩形的方法，可以让我们很好地理解这两大类图形的区别：一个是strokeRect，另一个是fillRect。

第10章

网页表单设计

 本章视频教学时间：1 小时 28 分钟

在网页中，表单的作用比较重要，主要是负责采集浏览者的相关数据。例如，常见的注册表、调查表和留言表等。在HTML 5中，表单拥有多个新的表单输入类型。这些新特性提供了更好的输入控制和验证。本章节主要讲述表单的概述、表单基本元素的使用方法和表单高级元素的使用方法，最后将讲述一个综合案例，使读者进一步了解表单的综合实用技巧。

【学习目标】

通过本章的学习，熟悉网页表单的设计方法。

【本章涉及知识点】

了解表单

掌握表单基本元素的应用

掌握表单高级元素的使用

熟悉创建用户反馈表单的方法

10.1 实例1——熟悉表单属性

本节视频教学时间：13分钟

表单在HTML页面中起着重要的作用，是与用户交互信息的主要手段。一个表单至少应该包括说明性文字、用户填写的表格、提交和重填按钮等内容。

10.1.1 表单的用途

表单主要用于收集网页上浏览者的相关信息，用户填写了所需的资料之后，按下"提交资料"按钮，这样所填资料就会通过专门的CGI接口传到Web服务器上。网页的设计者随后就能在Web服务器上看到用户填写的资料，从而完成从用户到作者之间的反馈和交流。免费的个人网站，服务器往往不提供CGI功能，也可以电子邮件来接收用户的反馈信息。

表单的标签为<form></form>，基本语法格式如下。

```
<form action="url" method="getlpost" enctype="mime">
</form >
```

其中，action=url指定处理提交表单的格式，可以是一个URL地址或一个电子邮件地址。method=get或post指明提交表单的HTTP方法。enctype=cdata指明用来把表单提交给服务器时的互联网媒体形式。

表单是一个能够包含表单元素的区域。通过添加不同的表单元素，将显示不同的效果。

1 编写代码

打开记事本，编写以下HTML代码，并保存为HTML格式的文件。

```
<!DOCTYPE html>
<html>
<body>
<form>
下面是输入用户登录信息
<br><br>
用户名称<br>
<input type="text" name="user">
<br>
用户密码<br>
<input type="password" name="password">
<br>
<input type="submit" value="登录">
</form>
</body>
</html>
```

2 在Firefox中浏览效果

在Firefox中浏览效果如图所示，可以看到用户登录信息页面。

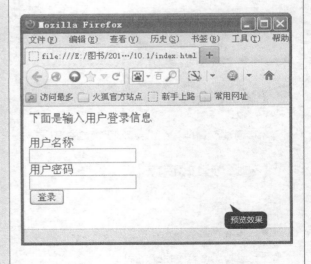

10.1.2 表单的属性设置

在 HTML 5 中有一些新属性，同时不再支持 HTML 4.01 中的一些属性。目前，在HTML中主要支持以下属性。

属性	值	描述
accept-charset	charset_list	表单数据可能的字符集列表（逗号分隔）
action	URL	定义当点击提交按钮时向何处发送数据
autocomplete	on off	规定是否自动填写表单
enctype		用于对表单内容进行编码的 MIME 类型
method	get post put delete	用于向 action URL 发送数据的 HTTP 方法，默认是 get
name	form_name	定义表单唯一的名称
target	_blank _self _parent _top	在何处打开目标 URL

在表单中设置属性的方法非常简单，下面来列举一个简单的例子。

```
<form action="demo_form.asp" method="get" autocomplete="on">
First name: <input type="text" name="fname" /><br />
Last name: <input type="text" name="lname" /><br />
E-mail: <input type="email" name="email" autocomplete="off" /><br />
<input type="submit" />
</form>
```

在以上代码中插入了autocomplete属性，且直接在form标签中插入即可。

表单中的属性并非所有浏览器都可以支持。表单属性和浏览器支持对照如下表所示。

Input type	IE	Firefox	Opera	Chrome	Safari
autocomplete	8.0	3.5	9.5	3.0	4.0
autofocus			10.0	3.0	4.0
form			9.5		
form overrides			10.5		
height and width	8.0	3.5	9.5	3.0	4.0
list			9.5		
min, max and step		No	9.5	3.0	
multiple		3.5		3.0	4.0
novalidate					
pattern			9.5	3.0	
placeholder				3.0	3.0
required			9.5	3.0	

由上表可以看出，在使用表单属性时要考虑到浏览器支持性测试的问题。

10.2 实例2——表单基本元素的应用

表单元素是能够让用户在表单中输入信息的元素，常见的有文本框、密码框、下拉菜单、单选框、复选框等。本章节主要讲述表单基本元素的使用方法和技巧。

10.2.1 文字字段

在表单中可输入的文字字段有两种形式，一种是单行文本输入框，另一种是多行文本输入框。下面分别进行介绍。

1. 单行文本输入框

文本框是一种让访问者自己输入内容的表单对象，通常被用来填写单个字或者简短的回答，如用户姓名和地址等。代码格式如下。

```
<input type="text" name="..." size="..." maxlength="..." value="...">
```

其中，type="text"定义单行文本输入框，name属性定义文本框的名称，要保证数据的准确采集，必须定义一个独一无二的名称；size属性定义文本框的宽度，单位是单个字符宽度；maxlength属性定义最多输入的字符数；value属性定义文本框的初始值。

1 编写代码	**2** 在Firefox中浏览效果
打开记事本，编写以下HTML代码，并保存为HTML格式的文件。	在Firefox中浏览效果如图所示，可以看到两个单行文本输入框。

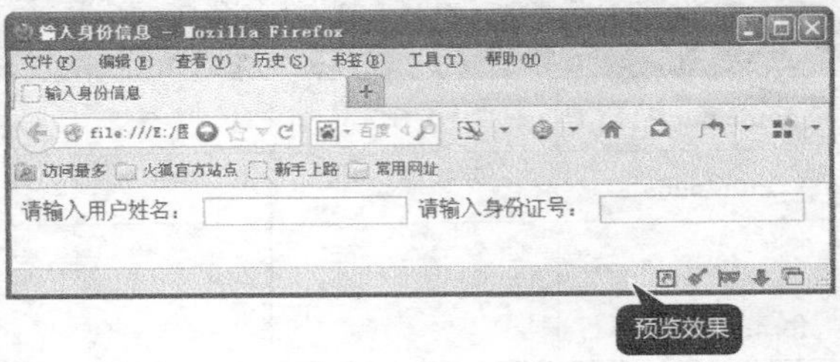

编写代码部分：

```
<!DOCTYPE html>
<html>
<head><title>输入身份信息</title></head>
<body>
<form>
请输入用户姓名：
<input type="text" name="yourname" size="20"
maxlength="15">
请输入身份证号：
<input type="text" name="youradr" size="20"
maxlength="15">
</form>
</body>
</html>
```

预览效果

2. 多行文本输入框

多行文本输入框(textarea)主要用于输入较长的文本信息。代码格式如下。

```
<textarea name="..." cols="..." rows="..." wrap="..."></textarea >
```

其中，name属性定义多行文本框的名称，要保证数据的准确采集，必须定义一个独一无二的名称；cols属性定义多行文本框的宽度，单位是单个字符宽度；rows属性定义多行文本框的高度，单位是单个字符宽度；wrap属性定义输入内容大于文本域时显示的方式。

1 编写代码

打开记事本，编写以下HTML代码，并保存为HTML格式的文件。

```html
<!DOCTYPE html>
<html>
<head><title>多行文本输入</title></head>
<body>
<form>
请输入您对该帖子的回复<br>
<textarea name="yourworks" cols ="50" rows =
"5"></textarea>
<br>
<input type="submit" value="提交">
</form>
</body>
</html>
```

2 在Firefox中浏览效果

在Firefox中浏览效果如图所示，可以看到多行文本输入框。

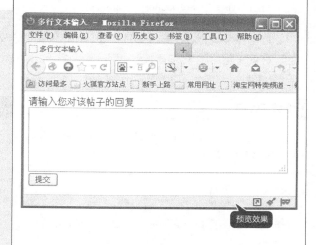

预览效果

10.2.2 密码域

密码输入框是一种特殊的文本域，主要用于输入一些保密信息。当网页浏览者输入文本时，显示的是黑点或者其他符号，这样就提高了输入文本的安全性。代码格式如下。

```html
<input type="password" name="..." size="..." maxlength="...">
```

其中type="password"定义密码框；name属性定义密码框的名称，要保证唯一性；size属性定义密码框的宽度，单位是单个字符宽度；maxlength属性定义最多输入的字符数。

1 编写代码

打开记事本，编写以下HTML代码，并保存为HTML格式的文件。

```html
<!DOCTYPE html>
<html>
<head><title>登录用户账号</title></head>
<body>
<h3>登录用户账号：</h3>
<form >
用户姓名：
<input type="text" name="yourname">
<br><br>
登录密码：
<input type="password" name="yourpw"><br>
</form>
</body>
</html>
```

2 在Firefox中浏览效果

在Firefox中浏览效果如图所示，输入用户名和密码时可以看到密码以黑点的形式显示。

预览效果

10.2.3 单选按钮

单选按钮主要是让网页浏览者在一组选项里只能选择一个。代码格式如下。

```
<input type="radio" name=" " value = " ">
```

其中type="radio"定义单选按钮；name属性定义单选按钮的名称，单选按钮都是以组为单位使用的，在同一组中的单选项都必须用同一个名称；value属性定义单选按钮的值，在同一组中域值必须是不同的。

1 编写代码

打开记事本，编写以下HTML代码，并保存为HTML格式的文件。

```
<!DOCTYPE html>
<html>
<head><title>选择感兴趣的专业</title></head>
<body>
<form >
请选择您感兴趣的专业类型：
<br>
<input type="radio" name="Professional" value = "Professional1">新闻编辑<br>
<input type="radio" name="Professional" value = "Professional2">网络优化<br>
<input type="radio" name="Professional" value = "Professional3">广告设计<br>
<input type="radio" name="Professional" value = "Professional4">软件开发<br>
<input type="radio" name="Professional" value = "Professional5">市场营销<br>
</form>
</body>
</html>
```

2 在Firefox中浏览效果

在Firefox中浏览效果如图所示，即可看到5个单选按钮，用户只能同时选择其中一个。

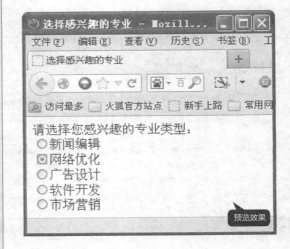

10.2.4 复选框

复选框主要是让网页浏览者在一组选项里可以同时选择多个选项。每个复选框都是一个独立的元素，都必须有唯一的一个名称。代码格式如下。

```
<input type="checkbox" name=" " value ="">
```

其中type="checkbox"定义复选框；name属性定义复选框的名称，在同一组中的复选框都必须用同一个名称；value属性定义复选框的值。

1 编写代码

打开记事本，编写以下HTML代码，并保存为HTML格式的文件。

```
<!DOCTYPE html>
<html>
<head><title>选择感兴趣的专业</title></head>
<body>
<form >
请选择您感兴趣的专业类型：
<br>
<input type="checkbox" name="Professional" value = "Professional1">新闻编辑<br>
<input type="checkbox" name="Professional" value = "Professional2">网络优化<br>
<input type="checkbox" name="Professional" value = "Professional3">广告设计<br>
<input type="checkbox" name="Professional" value = "Professional4">软件开发<br>
<input type="checkbox" name="Professional" value = "Professional5">市场营销<br>
</form>
</body>
</html>
```

2 在Firefox中浏览效果

在Firefox中浏览效果如图所示，即可看到5个复选框，其中【网络优化】和【软件开发】复选框被选中。

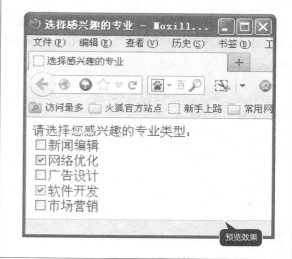

10.2.5 下拉选择框

下拉选择框主要用于在有限的空间里设置多个选项。它既可以用作单选，也可以用作复选。代码格式如下。

```
<select name="..." size="..." multiple>
<option value="..." selected>
...
</option>
...
</select>
```

其中size属性定义下拉选择框的行数；name属性定义下拉选择框的名称；multiple属性表示可以多选，如果不设置本属性，那么只能单选；value属性定义选择项的值；selected属性表示默认已经选择本选项。

1 编写代码

打开记事本，编写以下HTML代码，并保存为HTML格式的文件。

```
<!DOCTYPE html>
<html>
<head><title>选择感兴趣的专业</title></head>
<body>
<form>
请选择您感兴趣的专业类型：<br>
<select name="fruit" size = "3" multiple>
<option value="Professional1">新闻编程
<option value="Professional2">网络优化
<option value="Professional3">广告设计
<option value="Professional4">软件开发
<option value="Professional5">市场营销
</select>
</form>
</body>
</html>
```

2 在Firefox中浏览效果

在Firefox中浏览效果如图所示，即可看到下拉选择框。其中显示为3行选项，用户可以按住Ctrl键，选择多个选项。

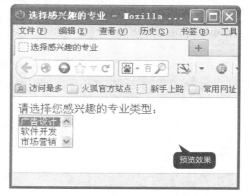

10.2.6 普通按钮

普通按钮用来控制其他定义了处理脚本的处理工作。代码格式如下。

```
<input type="button" name="..." value="..." onClick="...">
```

其中type="button"定义普通按钮；name属性定义普通按钮的名称；value属性定义按钮的显示文字；onClick属性表示单击行为，也可以是其他的事件，通过指定脚本函数来定义按钮的行为。

1 编写代码

打开记事本，编写以下HTML代码，并保存为HTML格式的文件。

```
<!DOCTYPE html>
<html>
<body>
<form>
点击下面的按钮，将文本框1的内容拷贝到文本框
2中：
<br/>
文本框1: <input type="text" id="field1"
value="HTML 5学习宝典">
<br/>
文本框2: <input type="text" id="field2">
<br/>
<input type="button" name="..." value="拷贝"
onClick="document.getElementById
('field2').value=document.getElementById('field1').
value">
</form>
</body>
</html>
```

2 在Firefox中浏览效果

在Firefox中浏览效果如图所示，单击【拷贝】按钮，即可将文本框1中内容复制到文本框2中。

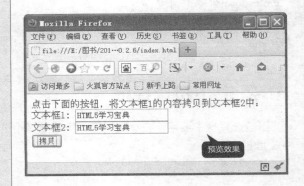

10.2.7 提交按钮

提交按钮用来将输入的信息提交到服务器。代码格式如下。

```
<input type="submit" name="..." value="...">
```

其中type="submit"定义提交按钮；name属性定义提交按钮的名称；value属性定义按钮的显示文字。通过提交按钮，可以将表单里的信息提交给表单里action所指向的文件。

1 编写代码

打开记事本，编写以下HTML代码，并保存为HTML格式的文件。

```
<!DOCTYPE html>
<html>
<head><title>输入用户名信息</title></head>
<body>
<h3>请输入用户信息</h3>
<form  action="http://www.yinhangit.com/yonghu.
asp" method="get">
你的姓名：
<input type="text" name="yourname">
<br><br>
你的住址：
<input type="text" name="youradr">
<br><br>
你的单位：
<input type="text" name="yourcom">
<br><br>
你的联系方式：
<input type="text" name="yourcom">
<br><br>
<input type="submit" value="提交">
</form>
</body>
</html>
```

2 在Firefox中浏览效果

在Firefox中浏览效果如图所示，输入内容后单击【提交】按钮，即可将表单中的数据发送到指定的文件。

10.2.8 重置按钮

复位按钮用来重置表单中输入的信息。代码格式如下。

```
<input type="reset" name="..." value="...">
```

其中type="reset"定义复位按钮；name属性定义复位按钮的名称；value属性定义按钮的显示文字。

1 编写代码

打开记事本，编写以下HTML代码，并保存为HTML格式的文件。

```
<!DOCTYPE html>
<html>
<head><title>内容重置</title></head>
<body>
<form>
账户名称：
<input type='text'>
<br/><br/>
账户密码：
<input type='password'>
<br>
<input type="submit" value="登录">
<input type="reset" value="重置">
</form>
</body>
</html>
```

2 在Firefox中浏览效果

在Firefox中浏览效果如图所示，输入内容后单击【重置】按钮，即可将表单中的数据清空。

10.3 实例3——表单高级元素的使用

本节视频教学时间：25分钟

除了上述基本元素外，HTML 5中还有一些高级元素，包括URL、email、time、range、search等。对于这些高级属性，IE 9.0浏览器暂时还不支持，下面将用Opera 11.60浏览器查看效果。

10.3.1 URL类型元素

url属性用于说明网站的网址，显示为一个文本字段输入URL地址。在提交表单时，会自动验证url的值。代码格式如下。

```
<input type="url" name="userurl"/>
```

另外，用户可以使用普通属性设置rul输入框。例如，可以使用max属性设置其最大值、min属性设置其最小值、step属性设置合法的数字间隔、利用value属性规定其默认值。对于另外的高级属性中同样的设置，不再重复讲述。

1 编写代码

打开记事本，编写以下HTML代码，并保存为HTML格式的文件。

```
<!DOCTYPE html>
<html>
<head><title>URL类型元素</title></head>
<body>
<form>
<br/>
请输入网址：
<input type="url" name="userurl"/>
</form>
</body>
</html>
```

2 在Firefox中浏览效果

在Firefox中浏览效果如图所示，用户即可输入相应的网址。

如果输入的不是完整的URL网址格式，表单将会显示粉红色边框。需要注意的是，完整的URL格式必须要有"http://"头。

10.3.2 Email类型元素

与url属性类似，email属性用于让浏览者输入Email地址。在提交表单时，会自动验证 email 域的值。代码格式如下。

```
<input type="email" name="user_email"/>
```

1 编写代码

打开记事本，编写以下HTML代码，并保存为HTML格式的文件。

```
<!DOCTYPE html>
<html>
<head><title>E-mail类型元素</title></head>
<body>
<form>
<br/>
请输入您的邮箱地址：
<input type="email" name="user_email"/>
<br>
<input type="submit" value="提交">
</form>
</body>
</html>
```

2 在Firefox中浏览效果

在Firefox中浏览效果如图所示，用户即可输入相应的邮箱地址。如果用户输入的邮箱地址不对，单击【提交】按钮后会弹出下图中的提示信息。

10.3.3 date类型元素

在HTML 5中，新增了日期输入类型date，其含义为选择日、月、年。
date属性的代码格式如下。

```
<input type="date" name="user_date" />
```

1 编写代码

打开记事本，编写以下HTML代码，并保存为HTML格式的文件。

```
<!DOCTYPE html>
<html>
<head><title>Date类型元素</title></head>
<body>
<form>
<br/>
请选择购买商品的日期：
<br>
<input type="date" name="user_date" />
</form>
</body>
</html>
```

2 在Chrome中浏览效果

在Chrome中浏览效果如图所示，用户单击输入框中向下按钮，即可在弹出的窗口中选择需要的日期。

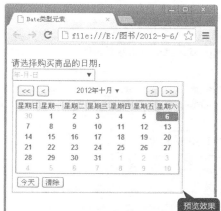

10.3.4　time类型元素

在HTML 5中，新增了时间输入类型time，其含义为选取时间（小时和分钟）。

time属性的代码格式如下。

```
<input type="time" name="user_date" />
```

1 编写代码

打开记事本，编写以下HTML代码，并保存为HTML格式的文件。

```
<!DOCTYPE HTML>
<html>
<head><title>time类型元素</title></head>
<body>
<form>
Time: <input type="time" name="user_date" />
<input type="submit" />
</form>
</body>
</html>
```

2 在Chrome中浏览效果

在Chrome中浏览效果如图所示，用户可以在表单中输入标准的time格式，然后单击【提交】按钮。

10.3.5　datetime类型元素

在HTML 5中，新增了时间输入类型datetime，其含义为选取时间、日、月、年（UTC 时间）。UTC是协调世界时，又称世界统一时间、世界标准时间、国际协调时间。由于中国采用的是第8时区的时间，所以中国及其他亚洲国家大都会采用UTC+8的时间。

datetime属性的代码格式如下。

```
<input type="datetime" name="user_date" />
```

1 编写代码

打开记事本，编写以下HTML代码，并保存为HTML格式的文件。

```
<!DOCTYPE HTML>
<html>
<head><title>datetime类型元素</title></head>
<body>
<form>
Date and time: <input type="datetime" name="user_
date" />
<input type="submit" />
</form>
</body>
</html>
```

2 在Chrome中浏览效果

在Chrome中浏览效果如图所示，用户可以在表单中输入标准的datetime格式，然后单击【提交】按钮。

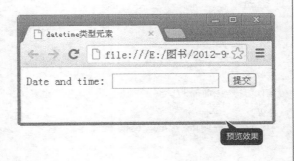

10.3.6 datetime-local类型元素

在HTML 5中，新增了时间输入类型datetime-local，其含义为选取时间、日、月、年（本地时间）。例如，中国使用的datetime-local就是第8时区的时间。

Datetime-local属性的代码格式如下。

```
<input type="datetime–local" name="user_date" />
```

1 编写代码

打开记事本，编写以下HTML代码，并保存为HTML格式的文件。

```
<!DOCTYPE HTML>
<html>
<head><title>datetime–local类型元素</title></head>
<body>
<form >
Date and time: <input type="datetime–local" name="user_date" />
<input type="submit" />
</form>
</body>
</html>
```

2 在Chrome中浏览效果

在Chrome中浏览效果如图所示，用户可以在表单中输入标准的datetime格式，然后单击【提交】按钮。

10.3.7 month类型元素

在HTML 5中，新增了日期输入类型month，其含义为选取月、年。

month属性的代码格式如下。

```
<input type="month" name="user_date" />
```

1 编写代码

打开记事本，编写以下HTML代码，并保存为HTML格式的文件。

```
<!DOCTYPE HTML>
<html>
<head><title>month类型元素</title></head>
<body>
<form>
Month: <input type="month" name="user_date" />
<input type="submit" />
</form>
</body>
</html>
```

2 在Chrome中浏览效果

在Chrome中浏览效果如图所示，用户可以在表单中输入标准的month格式，然后单击【提交】按钮。

10.3.8 week类型元素

在HTML 5中，新增了日期输入类型week，其含义为选取周和年。

week属性的代码格式如下。

```
<input type="week" name="user_date" />
```

1 编写代码

打开记事本，编写以下HTML代码，并保存为HTML格式的文件。

```
<!DOCTYPE HTML>
<html>
<head><title>week类型元素</title></head>
<body>
<form>
Week: <input type="week" name="user_date" />
<input type="submit" />
</form>
</body>
</html>
```

2 在Chrome中浏览效果

在Chrome中浏览效果如图所示，用户可以在表单中输入标准的week格式，然后单击【提交】按钮。

10.3.9 number类型元素

number 属性提供了一个输入数字的输入类型。用户可以直接输入数字，或者通过单击微调框中的向上或者向下按钮选择数字。代码格式如下。

```
<input type="number" name="shuzi" />
```

1 编写代码

打开记事本，编写以下HTML代码，并保存为HTML格式的文件。

```
<!DOCTYPE html>
<html>
<head><title>number类型元素</title></head>
<body>
<form>
<br/>
最近一周浏览此网页
<input type="number" name="shuzi "/>次了哦!
</form>
</body>
</html>
```

2 在Chrome中浏览效果

在Chrome中浏览效果如图所示，用户可以直接输入数字，也可以单击微调按钮选择合适的数字。

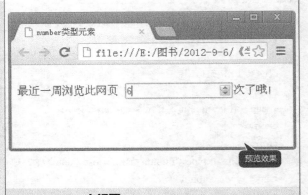

小提示

强烈建议用户使用min和max属性规定输入的最小值和最大值。

10.3.10 range类型元素

Range属性是显示一个滚动的控件。和number属性一样，用户可以使用max、min和step属性控制控件的范围。代码格式如下。

```
<input type="range" name="" min="" max="" />
```

其中，min和max分别控制滚动控件的最小值和最大值。

1 编写代码

打开记事本，编写以下HTML代码，并保存为HTML格式的文件。

```
<!DOCTYPE html>
<html>
<head><title>range类型元素</title></head>
<body>
<form>
<br/>
技能考核我的成绩名次为：
<input type="range" name="ran" min="1" max="10" />
</form>
</body>
</html>
```

2 在Chrome中浏览效果

在Chrome中浏览效果如图所示，用户可以拖曳滑块，从而选择合适的数字。

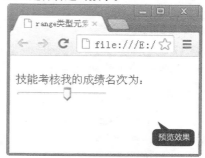

小提示

默认情况下，滑块位于滚珠的中间位置。如果用户指定的最大值小于最小值，则允许使用反向滚动轴。目前浏览器对这一属性还不能很少地支持。

10.3.11 search类型元素

search类型的input元素是一种专门用来输入搜索关键词的文本框。其代码格式如下。

```
<input type="search" name="search1" />
```

1 编写代码

打开记事本，编写以下HTML代码，并保存为HTML格式的文件。

```
<!DOCTYPE HTML>
<html>
<head><title>search类型元素</title></head>
<body>
<form >
<input type="search" name="user_search" />
<input type="submit" />
</form>
</body>
</html>
```

2 在Chrome中浏览效果

在Chrome中浏览效果如图所示。

10.3.12 tel类型元素

tel类型的input元素被设计为用来输入电话号码的专用文本框。它没有特殊的校验规则，不强制输入数字（因为许多电话号码通常带有其他文字），如0371-66870831。但是开发者可以通过pattern属性来制定对于输入的电话号码格式的验证。其代码格式如下。

```
<input type="tel" name="tel1" />
```

1 编写代码

打开记事本，编写以下HTML代码，并保存为HTML格式的文件。

```
<!DOCTYPE HTML>
<html>
<head><title>tel类型元素</title></head>
<body>
<form >
<input type="tel" name="tel1"
pattern="0371-66688899" />
<input type="submit" />
</form>
</body>
</html>
```

2 在Chrome中浏览效果

在Chrome中浏览效果如图所示，在文本框中输入不满足pattern属性强制规则的号码格式，单击【提交】按钮后会弹出错误提示。

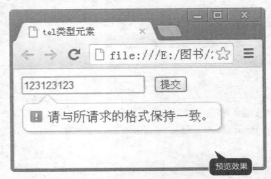

10.3.13 color类型元素

color类型的input元素用来选取颜色，提供了一个颜色选取器。目前它只在Opear浏览器与BlackBerry浏览器中被支持。其代码格式如下。

```
<input type="color" name="tel1" />
```

1 编写代码

打开记事本，编写以下HTML代码，并保存为HTML格式的文件。

```
<!DOCTYPE HTML>
<html>
<head><title>color类型元素</title></head>
<body>
<form >
<input type="color" name="tel1" />
<input type="submit" />
</form>
</body>
</html>
```

2 在Opera中浏览效果

在Opera中浏览效果如图所示，单击下拉箭头，弹出颜色选择框。

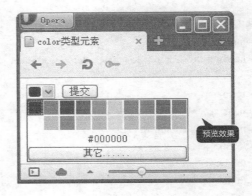

10.4 实例4——创建用户反馈表单

本节视频教学时间：14分钟

在本实例中，将使用一个表单内的各种元素来开发一个简单网站的用户意见反馈页面。

反馈表单非常简单，通常包含三个部分，需要在页面上方给出标题，标题下方是正文部分，即表单元素，最下方是表单元素提交按钮。在设计这个页面时，需要把"用户注册"标题设置成H1大小，正文使用p来限制表单元素。

具体操作步骤如下。

1 构建HTML页面

构建HTML页面，实现表单内容，具体代码如下。

```
<!DOCTYPE html>
<html>
<head>
<title>用户反馈页面</title>
</head>
<body>
<h1 align=center>用户反馈表单</h1>
<form method="post" >
<p>姓    名：
<input type="text" class=txt size="12"
maxlength="20" name="username" />
</p><p>性    别：
<input type="radio" value="male" />男
<input type="radio" value="female" />女
</p><p>年    龄：
<input type="text" class=txt name="age" />
</p>
<p>联系电话：
<input type="text" class=txt name="tel" />
</p><p>电子邮件：
<input type="text" class=txt name="email" />
</p><p>联系地址：
<input type="text"  class=txt name="address" />
</p>
<p>
请输入您对网站的建议<br>
<textarea name="yourworks" cols ="50" rows =
"5"></textarea>
<br>
<input type="submit" name="submit" value="提交"/>
<input type="reset" name="reset" value="清除" />
</p>
</form>
</body>
</html>
```

2 在Chrome中浏览效果

在Chrome中浏览效果如图所示，可以看到创建了一个用户反馈表单，包含一个标题"用户注册"、"姓名"、"性别"、"年龄"、"联系电话"、"电子邮件"、"联系地址"、"意见反馈"等输入框和"提交"按钮等。

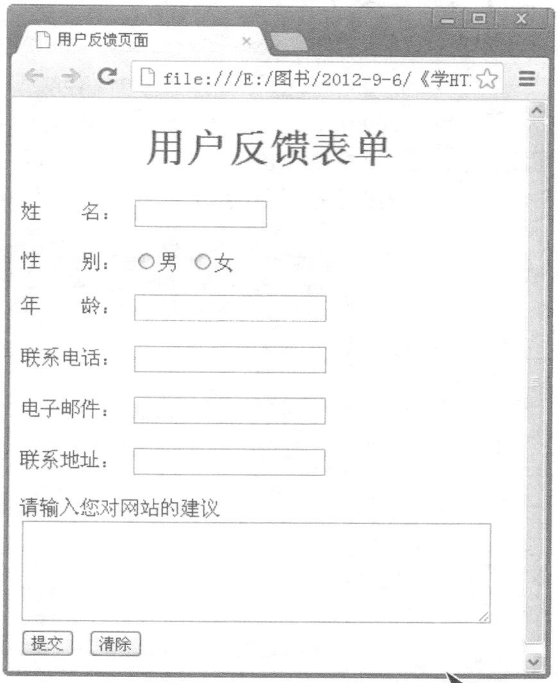

预览效果

举一反三

本章学习了网页表单的设计方法。通过本章的学习，可以实现各种简单表单的设计、制作。参照本章所学知识，完成下图所示表单的设计。

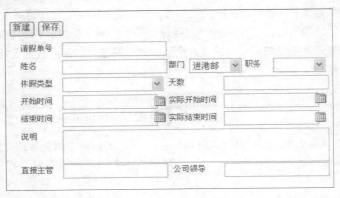

 高手私房菜

技巧1：如何在表单中实现文件上传框

在HTML 5语言中，使用file属性实现文件上传框。其语法格式为：

`<input type="file" name="..." size=" " maxlength=" ">`。

其中type="file"定义为文件上传框；name属性为文件上传框的名称；size属性定义文件上传框的宽度，单位是单个字符宽度；maxlength属性定义最多输入的字符数。文件上传框的显示效果如下图所示，单击【浏览】按钮后会自动弹出【文件上传】对话框。

技巧2：制作的单选框为什么可以同时选中多个

此时用户需要检查单选框的名称，保证同一组中的单选框名称相同，这样才能保证单选框只能同时选中一个。

第11章
HTML 5 本地存储

　本章视频教学时间：42 分钟

在HTML 5标准之前，Web存储信息需要cookie来完成。但是cookie大概也就4KB的样子，而且IE早期版本只支持每个域名几十个cookies，太少了。因为它们由每个对服务器的请求来传递，从而使得cookie速度很慢而且效率不高。为此，在HTML 5中，Web存储API为用户如何在计算机或设备上存储用户信息作了数据标准的定义。

【学习目标】

通过本章的学习，熟悉 HTML 5 本地存储的方法。

【本章涉及知识点】

了解 Web Storage 存储

掌握 localStorage 的操作方法

了解 WebSQL 数据库的应用

11.1 实例1——Web Storage存储

本节视频教学时间：14分钟

Web Storage实际上由两部分组成：sessionStorage与localStorage。 下面来详细介绍Web Storage的这两个组成。

11.1.1 sessionStorage对象

sessionStorage对象是针对一个会话（session）的数据存储。sessionStorage用于本地存储一个会话（session）中的数据，这些数据只有在同一个会话中的页面才能访问并且当会话结束后数据也随之销毁。因此sessionStorage不是一种持久化的本地存储，而仅仅是会话级别的存储。

创建一个sessionStorage方法的基本语法格式如下。

```
<script type="text/javascript">
sessionStorage.abc=" ";
</script>
```

1 输入代码

新建记事本，输入以下代码，并保存为index. html文件。

```
<!DOCTYPE HTML>
<html>
<body>
<script type="text/javascript">
sessionStorage.name="英达科技文化公司";
document.write(sessionStorage.name);
</script>
</body>
</html>
```

2 在Firefox中浏览效果

在Firefox中浏览效果如图所示，即可看到sessionStorage方法创建的对象内容显示在网页中。

下面继续使用sessionStorage方法来做一个实例，主要制作记录用户访问网站次数的计数器。

1 输入代码

新建记事本，输入以下代码，并保存为index. html文件。

```
<!DOCTYPE HTML>
<html>
<body>
<script type="text/javascript">
if (sessionStorage. count)
{
sessionStorage.count=Number(sessionStorage.count) +1;
}
else
{
sessionStorage. count=1;
}
document.write("您访问该网站的次数为： " +
sessionStorage.count);
</script>
</body>
</html>
```

2 在Firefox中浏览效果

在Firefox中浏览效果如图所示。如果用户刷新一次页面，计数器的数值将加1。

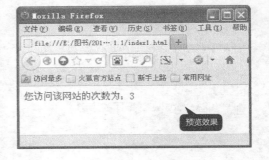

小提示

如果用户关闭浏览器窗口，再次打开该网页，计数器将重置为1。

11.1.2 localStorage对象

localStorage对象是没有时间限制的数据存储。localStorage用于持久化的本地存储，除非主动删除数据，否则数据永远不会过期。

创建一个localStorage方法的基本语法格式如下。

```
<script type="text/javascript">
localStorage.abc=" ";
</script>
```

1 输入代码

新建记事本，输入以下代码，并保存为index.html文件。

```
<!DOCTYPE HTML>
<html>
<body>
<script type="text/javascript">
localStorage.name="学习HTML 5最新的技术：
Web存储";
document.write(localStorage.name);
</script>
</body>
</html>
```

2 在Firefox中浏览效果

在Firefox中浏览效果如图所示，即可看到localStorage方法创建的对象内容显示在网页中。

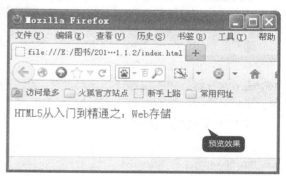

下面仍然使用localStorage方法来制作记录用户访问网站次数的计数器。用户可以清楚地看到localStorage方法和sessionStorage方法的区别。

1 输入代码

新建记事本，输入以下代码，并保存为index.html文件。

```
<!DOCTYPE HTML>
<html>
<body>
<script type="text/javascript">
if (localStorage.count)
{
localStorage.count=Number(localStorage.count) +1;
}
else
{
localStorage.count=1;
 }
document.write("您访问该网站的次数为： " +
localStorage.count");
</script>
</body>
</html>
```

2 在Firefox中浏览效果

在Firefox中浏览效果如图所示。如果用户刷新一次页面，计数器的数值将加1；如果用户关闭浏览器窗口，再次打开该网页，计数器会继续上一次计数，而不会重置为1。

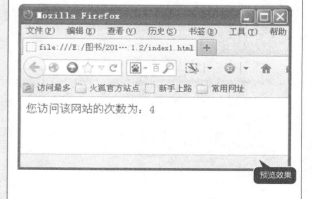

小提示

在 HTML 5中，数据不是由每个服务器请求传递的，而是只有在请求时使用数据。它使得在不影响网站性能的情况下存储大量数据成为可能。对于不同的网站，数据存储于不同的区域，并且一个网站只能访问其自身的数据。

11.2 实例2——操作localStorage

本节视频教学时间：13分钟

下面来详细介绍localStorage方法的相关操作内容。

11.2.1 清空localStorage数据

localStorage的clear()函数用于清空同源的本地存储数据，如localStorage.clear()，它将删除所有本地存储的localStorage数据。

而Web Storage的另外一部分Session Storage中的clear()函数只清空当前会话存储的数据。

11.2.2 遍历localStorage数据

遍历localStorage数据可以查看localStorage对象保存的全部数据信息。在遍历过程中，需要访问localStorage对象的另外两个属性length与key。length表示localStorage对象中保存数据的总量，key表示保存数据时的键名项，该属性常与索引号(index)配合使用，表示第几条键名对应的数据记录。其中，索引号(index)以0值开始，如果取第3条键名对应的数据，index值应该为2。

取出数据并显示数据内容的代码命令如下。

```
functino showInfo(){
    var array=new Array();
    for(var i=0;i
        //调用key方法获取localStorage中数据对应的键名
        //如这里键名是从test1开始递增到testN的，那么localStorage.key(0)对应test1
        var getKey=localStorage.key(i);
        //通过键名获取值，这里的值包括内容和日期
        var getVal=localStorage.getItem(getKey);
        //array[0]就是内容，array[1]是日期
        array=getVal.split(",");
        .....省略填充....
    }
}
 获取并保存数据的代码命令如下。
var storage = window.localStorage; f
or (var i=0, len = storage.length; i  <  len; i++){
var key = storage.key(i);
var value = storage.getItem(key);
console.log(key + "=" + value); }
```

小提示

由于localStorage不仅仅是存储了这里所添加的信息，可能还存在其他信息，但是那些信息的键名也是以递增数字形式表示的，这样如果这里也用纯数字就可能覆盖另外一部分信息，所以建议键名都用独特的字符区分开。这里在每个ID前加上test以示区别。

11.2.3 使用JSON对象存取数据

在HTML 5中可以使用JSON对象来存取一组相关的对象。使用JSON对象可以收集一组用户输入信息，然后创建一个Object来囊括这些信息，之后用一个JSON字符串来表示这个Object，然后把JSON字符串存放在localStorage中。当用户检索指定名称时，会自动用该名称去localStorage取得对应的JSON字符串，将字符串解析到Object对象，然后依次提取对应的信息，并构造HTML文本输入显示。

下面就来列举一个简单的案例，具体操作方法如下。

1 新建html文件

新建html文件，具体代码如下。

```
<!DOCTYPE html>
<html>
<head>
<title>使用JSON对象存取数据</title>
<script type="text/javascript" src="objectStorage.
js"></script>
</head>
<body>
<h3>使用JSON对象存取数据</h3>
<h4>填写待存取信息到表格中</h4>
<table>
<tr><td>NAME:</td><td><input type="text"
id="user"></td></tr>
<tr><td>E-mail:</td><td><input type="text"
id="mail"></td></tr>
<tr><td>Telephone:</td><td><input type="text"
id="tel"></td></tr>
<tr><td></td><td><input type="button" value="保存
" onclick="saveStorage();"></td></tr>
</table>
<hr>
<h4>检索已经存入localStorage的json对象，并且展
示原始信息</h4>
<p>
<input type="text" id="find">
<input type="button" value="检索"
onclick="findStorage('msg');">
</p>
<!—以下代码用于显示被检索到的信息 -->
<p id ="msg"></p>
</body>
</html>
```

2 在Firefox中浏览文件

使用Firefox浏览保存的html文件，页面显示效果如图所示。

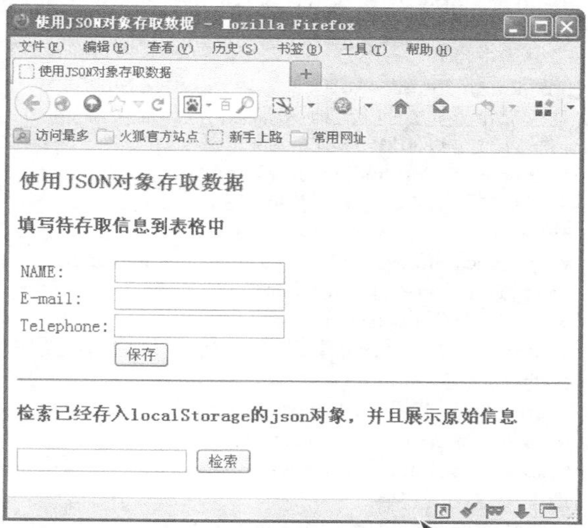

预览效果

3 javascript脚本代码

案例中用到了javascript脚本，其中包含2个函数，一个是存数据，一个是取数据。具体的javascript脚本代码如下。

```
function saveStorage(){              //创建一个js对象，用
于存放当前从表单获得的数据
var data = new Object;              //将对象的属性值名依
次和用户输入的属性值关联起来
data.user=document.getElementById("user").value;
data.mail=document.getElementById("mail").value;
data.tel=document.getElementById("tel").value;
//创建一个json对象，让其对应html文件中创建的对
象的字符串数据形式
var str = JSON.stringify(data);
//将json对象存放到localStorage上，key为用户输入
的NAME，value为这个json字符串
localStorage.setItem(data.user,str);
console.log("数据已经保存！被保存的用户名为:
"+data.user);
}
//从localStorage中检索用户输入的名称对应的json字
符串，然后把json字符串解析为一组信息，并且打
印到指定位置
function findStorage(id){            //获得用户的输入，
是用户希望检索的名字
var requiredPersonName = document.
getElementById("find").value;
//以这个检索的名字来查找localStorage,得到了json字
符串
var str=localStorage.getItem(requiredPersonName);
//解析这个json字符串得到Object对象
var data= JSON.parse(str);
//从Object对象中分离出相关属性值，然后构造要输
出的HTML内容
var result="NAME:"+data.user+'<br>';
result+="E-mail:"+data.mail+'<br>';
result+="Telephone:"+data.tel+'<br>';       //取得页
面上要输出的容器
var target = document.getElementById(id);   //用刚
才创建的HTML内容来填充这个容器
target.innerHTML = result;
}
```

4 单击【保存】按钮

将js文件和html文件放在同一目录下，再次打开网页，在表单中依次输入相关内容，单击【保存】按钮。

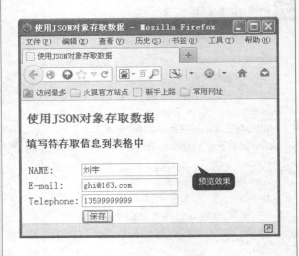

在【检索】文本框中输入已经保存的信息的NAME名，单击【检索】按钮，则在页面下方自动显示保存的用户信息。

11.3 实例3——WebSQL数据库应用

本节视频教学时间：15分钟

对简单的关键值或简单对象进行存储，使用本地和会话存储能够很好地完成，但是在对琐碎的关系数据进行处理时就力所不及了，而需要WebSQL数据库。下面将详细介绍WebSQL数据库的应用。

11.3.1 打开与创建数据库

可以使用OpenDatabase方法打开一个已经存在的数据库，如果数据库不存在，使用此方法将会创建一个新数据库。打开或创建一个数据库的代码命令如下。

```
var db = openDatabase('mydb', '1.1', ' A list of to do items.', 200000);
```

上述代码的括号中设置了五个参数，其意义分别为：数据库名称、版本号、文字说明、数据库的大小和创建回滚。

注意：如果数据库已经创建了，第五个参数将会调用此回滚操作。如果省略此参数，则仍将创建正确的数据库。

以上代码的意义为：创建了一个数据库对象db，名称是mydb，版本编号为1.1。db 还带有描述信息和大概的大小值。用户代理（user agent）可使用这个描述与用户进行交流，说明数据库是用来做什么的。利用代码中提供的大小值，用户代理可以为内容留出足够的存储。如果需要，这个大小是可以改变的，所以没有必要预先假设允许用户使用多少空间。

为了检测之前创建的连接是否成功，可以检查那个数据库对象是否为null。

```
if(!db)
    alert("Failed to connect to database.");
```

绝不可以假设该连接已经成功建立，即使过去对于某个用户它是成功的。一个连接会失败，存在多个原因。也许用户代理出于安全原因拒绝你的访问，也许设备存储有限。

11.3.2 执行事务

这里主要以查询事务为例介绍。要执行一个查询，可使用database.transaction()函数。此函数需要一个参数，该参数是一个函数。实际执行的查询服务如下。

```
var db = openDatabase('mydb', '1.1', ' A list of to do items.', 200000);
db.transaction(function (tx) {
 tx.executeSql('CREATE TABLE IF NOT EXISTS LOGS (id unique, log)');
});
```

上述SQL查询将在mydb数据库中创建一个名为LOGS的表。

11.3.3 插入数据

要为表插入一些新数据，可以在上面的例子中添加一些语句，具体代码如下。

```
var db = openDatabase('mydb', '1.1', ' A list of to do items.', 200000);
db.transaction(function (tx) {
 tx.executeSql('CREATE TABLE IF NOT EXISTS LOGS (id unique, log)');
 tx.executeSql('INSERT INTO LOGS (id, log) VALUES (1, "foobar")');
 tx.executeSql('INSERT INTO LOGS (id, log) VALUES (2, "logmsg")');
});
```

这里可以通过动态值创建数据，具体代码如下。

```
var db = openDatabase('mydb', '1.1', ' A list of to do items.', 200000);
db.transaction(function (tx) {
  tx.executeSql('CREATE TABLE IF NOT EXISTS LOGS (id unique, log)');
  tx.executeSql('INSERT INTO LOGS
              (id,log) VALUES (?, ?)', [le_id, le_log];
});
```

说明：这里le_id和le_log是外部变量，executeSQL映射数组的每个项来替换?号。

11.3.4 数据管理

管理现有数据，需要阅读现有的记录。这里可以使用回调来捕获结果，具体实现代码如下。

```
var db = openDatabase('mydb', '1.1', ' A list of to do items.', 200000);
db.transaction(function (tx) {
  tx.executeSql('CREATE TABLE IF NOT EXISTS LOGS (id unique, log)');
  tx.executeSql('INSERT INTO MYLOGS (id, log) VALUES (1, "foobar")');
  tx.executeSql('INSERT INTO MYLOGS (id, log) VALUES (2, "logmsg")');
});
db.transaction(function (tx) {
tx.executeSql('SELECT * FROM MYLOGS', [], function (tx, results) {
 var len = results.rows.length, i;
  msg = "<p>Found rows: " + len + "</p>";
  document.querySelector('#status').innerHTML += msg;
  for (i = 0; i < len; i++){
    alert(results.rows.item(i).log );
  }
}, null);
});
```

 高手私房菜

技巧： Web Storage作为一项不错的技术，是否就没有缺陷呢

答案是否定的，不可能存在没有缺陷的事物。Web Storage的缺陷主要集中在其安全性方面，具体体现为以下两点。

(1) 浏览器会为每个域分配独立的存储空间，即脚本在域A中是无法访问到域B中的存储空间的，但是浏览器不会检查脚本所在域与当前域是否相同。

(2) 存储在本地的数据未加密而且永远不会过期，极易造成隐私泄漏。也许需要像保存密码一样询问用户是在用私人电脑还是公共电脑来决定是否将数据保存在本地。

第12章

构建离线的 Web 应用

 本章视频教学时间：38 分钟

为了能在离线的情况下访问网站，可以采用HTML 5的离线Web功能。下面来讲解web应用程序如何缓存。

【学习目标】

通过本章的学习，熟悉构建离线 Web 应用。

【本章涉及知识点】

了解 HTML 5 离线 Web 应用

掌握使用 HTML 5 离线 Web 应用 API 的方法

掌握使用 HTML 5 离线 Web 应用构建应用的方法

12.1 HTML 5离线Web应用概述

本节视频教学时间：3分钟

在HTML 5中新增了本地缓存，也就是HTML离线Web应用，主要是通过应用程序缓存整个离线网站的HTML、CSS、Javascript、网站图像和资源。当服务器没有和Internet建立连接的时候，也可以利用本地缓存中的资源文件来正常运行Web应用程序。

如果网站发生了变化，应用程序缓存将重新加载变化的数据文件。

浏览器网页缓存与本地缓存的主要区别如下。

(1) 浏览器网页缓存主要是为了加快网页加载的速度，所以会对每一个打开的网页都进行缓存操作。而本地缓存是为整个Web应用程序服务的，只缓存那些指定缓存的网页。

(2) 在网络连接的情况下，浏览器网页缓存一个页面的所有文件。但是一旦离线，用户单击链接时将会得到一个错误消息。而本地缓存在离线时，仍然可以正常访问。

(3) 对于网页浏览者而言，浏览器网页缓存了哪些内容和资源、这些内容是否安全可靠等都不知道。而本地缓存的页面是编程人员指定的内容，所以在安全方面相对可靠了许多。

12.2 实例1——使用HTML 5离线Web应用API

本节视频教学时间：21分钟

离线Web应用较为普遍，下面来详细介绍其应用的构成与实现方法。

12.2.1 检查浏览器的支持情况

不同的浏览器版本对Web离线应用技术的支持情况是不同的，下表是常见浏览器对Web离线应用的支持情况。

浏览器名称	支持 Web 存储技术的版本情况
Internet Explorer	Internet Explorer 9 及更低版本目前尚不支持
Firefox	Firefox 3.5 及更高版本
Opera	Opera 10.6 及更高版本
Safari	Safari 4 及更高版本
Chrome	Chrome 5 及更高版本
Android	Android 2.0 及更高版本

使用离线Web应用API前最好先检查浏览器是否支持。

检查浏览器是否支持的代码如下。

```
if(windows.applicationcache){
//浏览器支持离线应用}
```

12.2.2 搭建简单的离线应用程序

为了使一个包含HTML文档、CSS样式表和javascript脚本文件的单页面应用程序支持离线应用，需要在HTML 5元素中加入manifest特性。具体实现代码如下。

```
<!doctype html>
<html manifest=" 123.manifest" >
</html>
```

执行以上代码可以提供一个存储的缓存空间，但是还不能完成离线应用程序的使用，还需要指明哪些资源可以享用这些缓存空间，即需要提供一个缓冲清单文件。具体实现代码如下。

```
CHCHE MANIFEST
index.html
123.js
123.css
123.gif
```

以上代码指明了四种类型的资源对象文件构成缓冲清单。

12.2.3 支持离线行为

要支持离线行为，首先要能够判断网络连接状态，HTML 5中就引入了一些判断应用程序网络连接是否正常的新事件。对应应用程序的在线状态和离线状态，会有不同的行为模式。

用于实现在线状态监测的是window.navigator对象的属性。其中的navigator.online属性是一个标明浏览器是否处于在线状态的布尔属性，当online值为true时，并不能保证Web应用程序在用户的机器上一定可访问到相应的服务器；而当其值为false时，不管浏览器是否真正连网，应用程序都不会尝试进行网络连接。

监测页面状态是在线还是离线的具体代码如下。

```
//页面加载的时候，设置状态为online或offline
Function loaddemo(){
 If (navigator.online) {
  Log( "online" );
} else {
 Log( "offline" );
}
}
//添加事件监听器，在线状态发生变化时，触发相应动作
Window.addeventlistener( "online" ,function  {
},  true);

Window.addeventlistener( "offline" ,function(e) {
 Log( "offline" );
},true);
```

 小提示

上述代码可以在internet explorer浏览器中使用。

12.2.4 Manifest文件

那么，客户端的浏览器是如何知道应该缓存哪些文件呢？这就需要依靠manifest文件来管理。manifest文件是一个简单的文本文件，其中以清单的形式列举了需要被缓存或不需要被缓存的资源文件的文件名称，以及这些资源文件的访问路径。

Manifest文件把指定的资源文件分为3类，分别是"CACHE"、"NETWORK"和"FALLBACK"。其含义分别如下。

(1) CACHE：该类别指定需要被缓存在本地的资源文件。这里需要特别注意的是，如果为某个页面指定需要本地缓存的资源文件，就不需要把这个页面本身指定在CACHE类型中，因为如果一个页面具有manifest文件，浏览器会自动对它进行本地缓存。

(2) NETWORK：该类别为不进行本地缓存的资源文件。这些资源文件只有当客户端与服务器端建立连接的时候才能访问。

(3) FALLBACK：该类别中指定两个资源文件。其中一个为能够在线访问时使用的资源文件，另一个为不能在线访问时使用的备用资源文件。

以下是一个简单的manifest文件的内容。

```
CACHE MANIFEST
#文件的开头必须是CACHE MANIFEST
CACHE:
123.html
myphoto.jpg
12.php
NETWORK:
http://www.baidu.com/xxx
feifei.php
FALLBACK:
online.js locale.js
```

上述代码含义分析如下。

(1) 指定资源文件，文件路径可以是相对路径，也可以是绝对路径。指定时，每个资源文件为独立的一行。

(2) 第一行必须是CACHE MANIFEST，此行的作用是告诉浏览器需要对本地缓存中的资源文件进行具体设置。

(3) 每一个类别都是必须出现，而且同一个类别可以重复出现。如果文件开头没有指定类别而直接书写资源文件，浏览器会把这些资源文件视为CACHE类别。

(4) 在manifest文件中，注释行以"#"开始，主要用于进行一些必要的说明或解释。

为单个网页添加manifest文件时，需要在Web应用程序页面上的html元素的manifest属性中指定manifest文件的URL地址。具体代码如下。

```
<html manifest="123.manifest">
</html>
```

添加上述代码后，浏览器就能够正常地阅读该文本文件。

小提示

用户可以为每一个页面单独指定一个mainifest文件，也可以对整个Web应用程序指定一个总的manifest文件。

上述操作完成后，即可实现资源文件缓存到本地。当要对本地缓存区的内容进行修改时，只需要修改manifest文件。修改文件后，浏览器可以自动检查manifest文件，并自动更新本地缓存区的内容。

12.2.5 ApplicationCache API

传统的web程序中浏览器也会对资源文件进行cache，但并不是很可靠，有时会达不到预期的效果。而HTML 5中的application cache支持离线资源的访问，为离线Web应用的开发提供了可能。

使用application cache API的好处有以下几点。

(1) 用户可以在离线时继续使用；

(2) 缓存到本地，节省带宽，加速用户体验的反馈；

(3) 减轻服务器的负载。

Applicationcache API是一个操作应用缓存的接口，是windows对象的直接子对象window.applicationcache。window.applicationcache对象可触发一系列与缓存状态相关的事件，具体如下表所示。

事件	接口	触发条件	后续事件
checking	Event	用户代理检查更新或者在第一次尝试下载 manifest 文件的时候，本事件往往是事件队列中第一个被触发的	noupdate, downloading, obsolete, error
noupdate	Event	检测出 manifest 文件没有更新	无
downloading	Event	用户代理发现更新并且正在获取资源，或者第一次下载 manifest 文件列表中列举的资源	progress, error, cached, updateready
progress	ProgressEvent	用户代理正在下载资源 manifest 文件中需要缓存的资源	progress, error, cached, updateready
cached	Event	manifest 中列举的资源已经下载完毕，并且已经缓存	无
updateready	Event	manifest 中列举的文件已经重新下载并更新成功，接下来 js 可以使用 swapCache() 方法更新到应用程序中	无
obsolete	Event	manifest 的请求出现 404 或者 410 错误，应用程序缓存被取消	无

此外，没有可用更新或者发生错误时，还有一些表示更新状态的事件。

Onerror

Onnoupdate

onprogress

该对象有一个数值型属性window.applicationcache.status，代表了缓存的状态。缓存状态共有6种，如下表所示。

数值型属性	缓存状态	含义
0	UNCACHED	未缓存
1	IDLE	空闲
2	CHECKING	检查中
3	DOWNLOADING	下载中
4	UPDATEREADY	更新就绪
5	OBSOLETE	过期

window.applicationcache有三个方法，如下表所示。

方法名	描述
update()	发起应用程序缓存下载进程
abort()	取消正在进行的缓存下载
swapcache()	切换成本地最新的缓存环境

小提示

调用update()方法会请求浏览器更新缓存，包括检查新版本的manifest文件并下载必要的新资源。
如果没有缓存或者缓存已过期，则会抛出错误。

12.3 实例2——使用HTML 5离线Web应用构建应用

本节视频教学时间：14分钟

下面结合上述内容来构建一个离线Web应用程序，具体内容如下。

12.3.1 创建记录资源的manifest文件

首先要创建一个缓冲清单文件123.manifest，文件中列出了应用程序需要缓存的资源。
具体实现代码如下。

```
CACHE MANIFEST
# javascript
./offline.js
#./123.js
./log.js
#stylesheets
./CSS.css
#images
```

12.3.2 创建构成界面的HTML和CSS

下面来实现网页结构，其中需要指明程序中用到的javascript文件和css文件，还要调用manifest
文件。具体实现代码如下。

```
<!DOCTYPE html >
<html lang="en" manifest="123.manifest">
<head>
<title>创建构成界面的HTML和CSS</title>
<script src="log.js"></script>
<script src="offline.js"></script>
<script src="123.js"></script>
<link rel="stylesheet" href="CSS.css" />
</head>
```

```
<body>
        <header>
        <h1>Web 离线应用</h1>
    </header>
    <section>
        <article>
    <button id="installbutton">check for updates</button>
    <h3>log</h3>
    <div id="info">
    </div>
    </article>
    </section>
</body>
</html>
```

小提示

上述代码中有两点需要注意。其一，因为使用了manifest特性，所以HTML元素不能省略（为了使代码简洁，HTML 5中允许省略不必要的HTML元素）。其二，代码中引入了按钮，其功能是允许用户手动安装Web应用程序，以支持离线情况。

12.3.3 创建离线的JavaScript

在网页设计中经常会用到javascript文件，并通过<script>标签引入网页。在执行离线Web应用时，这些javascript文件也会一并存储到缓存中。

```
<offline.js>
/*
*记录window.applicationcache触发的每一个事件
*/

window.applicationcache.onchecking =
function(e) {
        log("checking for application update");
    }
window.applicationcache.onupdateready =
function(e) {
        log("application update ready");
    }
window.applicationcache.onobsolete =
function(e) {
        log("application obsolete");
    }
window.applicationcache.onnoupdate =
function(e) {
window.applicationcache.ondownloading =
function(e) {
        log("downloading application update");
```

```
                    }
    window.applicationcache.onerror =
    function(e) {
                log("online");
      }, true);
    /*
    *将applicationcache状态代码转换成消息
    */
    showcachestatus = function(n) {
                statusmessages = ["uncached","idle","checking","downloading","update ready","obsolete"];
        return statusmessages[n];
    }
    install = function(){
                log("checking for updates");
        try {
                window.applicationcache.update();
        } catch (e) {
                applicationcache.onerror();
        }
      }
    onload = function(e) {
                //检测所需功能的浏览器支持情况
        if(!window.applicationcache) {
                log("HTML 5 offline applications are not supported in your browser.");
          return;
        }
        if(!window.localstorage) {
                log("HTML 5 local storage not supported in your browser.");
          return;
        }
        if(!navigator.geolocation) {
                log("HTML 5 geolocation is not supported in your browser.");
          return;
      }
        log("initial cache status: " + showcachestatus(window.applicationcache.status));
        document.getelementbyid("installbutton").onclick = checkfor;
    }

    <log.js>
    log = function() {
                var p = document.createelement("p");
                var message = array.prototype.join.call(arguments," ");
        p.innerhtml = message
        document.getelementbyid("info").appendchild(p);
    }
```

12.3.4 检查applicationCache的支持情况

applicationCache对象并非所有浏览器都可以支持，所以在编辑时需要加入浏览器支持性检测功能，并提醒浏览者页面无法访问是浏览器兼容问题。具体实现代码如下。

```
onload = function(e) {
// 检测所需功能的浏览器支持情况
 if (!window.applicationcache) {
         log("您的浏览器不支持HTML 5 Offline Applications ");
  return;
 }
 if (!window.localStorage) {
         log("您的浏览器不支持HTML 5 Local Storage  ");
  return;
 }
 if (!window.WebSocket) {
         log("您的浏览器不支持HTML 5 WebSocket ");
  return;
 }
 if (!navigator.geolocation) {
         log("您的浏览器不支持HTML 5 Geolocation ");
  return;
 }
  log("lnitial cache status:" + showCachestatus(window.applicationcache.status));
 document.getelementbyld("installbutton").onclick = install;
}
```

12.3.5 为Update按钮添加处理函数

下面来设置update按钮的行为函数。该函数功能为执行更新应用缓存，具体代码如下。

```
Install = function() {
        Log（"checking for updates"）;
        Try {
                Window.applicationcache.update();
        } catch (e) {
                Applicationcache.onerror():
        }
}
```

单击按钮后将检查缓存区，并更新需要更新的缓存资源。当所有可用更新都下载完毕之后，将向用户界面返回一条应用程序安装成功的提示信息。接下来，用户就可以在离线模式下运行了。

12.3.6 添加Storage功能代码

当应用程序处于离线状态时，需要将数据更新写入本地存储。本实例使用storage实现该功能，因为当上传请求失败后可以通过storage得到恢复。如果应用程序遇到某种原因导致网络错误，或者应用程序被关闭，数据会被存储以便下次再进行传输。

实现storage功能的具体代码如下。

```
Var storelocation =function(latitude, longitude){
//加载localstorage的位置列表
Var locations = json.pares(localstorage.locations || "[]");
//添加地理位置数据
Locations.push({ "latitude" : latitude, "longitude" : longitude});
//保存新的位置列表
Localstorage。Locations = json.stringify(locations);
```

由于localstorage可以将数据存储在本地浏览器中，特别适用于具有离线功能的应用程序，所以本实例中使用它来保存坐标。本地存储中的缓存数据在网络连接恢复正常后，应用程序会自动与远程服务器进行数据同步。

12.3.7 添加离线事件处理程序

对于离线Web应用程序，在使用时要结合当前状态执行特定的事件处理程序。本实例中的离线事件处理程序设计如下。

(1) 如果应用程序在线，事件处理函数会存储并上传当前坐标。

(2) 如果应用程序离线，事件处理函数只存储不上传。

(3) 当应用程序重新连接到网络后，事件处理函数会在UI上显示在线状态，并在后台上传之前存储的所有数据。

具体实现代码如下。

```
Window.addeventlistener( "online" , function(e){
  Log( "online" );
}, true);
Window.addeventlistener( "offline" , function(e) {
  Log( "offline" );
}, true);
```

网络连接状态在应用程序没有真正运行的时候，可能会发生改变。例如用户关闭了浏览器，刷新页面或跳转到了其他网站。为了应对这些情况，离线应用程序在每次页面加载时都会检查与服务器的连接状况。如果连接正常，会尝试与远程服务器同步数据。

```
If(navigator.online){
  Uploadlocations();
}
```

 ## 高手私房菜

技巧1: 不同的浏览器可以读取同一个Web中存储的数据吗

在Web存储时，不同的浏览器将存储在不同的Web存储库中。如果用户使用的是IE浏览器，那么Web存储工作时，将所有数据存储在IE的Web存储库中；如果用户再次使用Firefox浏览器访问该站点，将不能读取IE浏览器存储的数据。可见，每个浏览器的存储是分开并独立工作的。

技巧2: 离线存储站点时是否需要浏览者同意

和地理定位类似，在网站使用manifest文件时，浏览器会提供一个权限提示，提示用户是否将离线设为可用，但并不是每一个浏览器都支持这样的操作。

第13章

制作休闲娱乐类网页

 本章视频教学时间：36 分钟

休闲娱乐类的网页种类很多，如聊天交友、星座运程、游戏视频等。本章主要以视频类网页为例进行介绍。

视频类网页主要包含视频搜索、播放、评价、上传等内容。此类网站都会容纳各种类型的视频信息，以让浏览者轻松地找到自己需要的视频。

【学习目标】

通过本章的学习，熟悉休闲娱乐类网页的制作方法。

【本章涉及知识点】

熟悉休闲娱乐类网页的整体布局

熟悉休闲娱乐类网页的模块组成

掌握休闲娱乐类网页的制作步骤

13.1 整体布局

本节视频教学时间：4分钟

本实例以简单的视频播放页面为例演示视频网站的制作方法。网页内容应当包括：头部、导航菜单栏、检索条、视频播放及评价、热门视频推荐等内容。使用浏览器浏览其完成后的效果如图所示。

13.1.1 设计分析

作为视频网站播放网页，其页面应给人以简单、明了、清晰的感觉。整体设计各部分内容介绍如下。

(1) 页头部分主要放置导航菜单和网站Logo信息等，其Logo可以是一张图片或者文本信息等；

(2) 页头下方是搜索模块，用于帮助浏览者快速检索视频；

(3) 页面主体左侧是视频播放及评价，考虑到视频播放效果，左侧主题部分至少要占整个页面2/3的宽度，还要为视频增加信息描述内容；

(4) 页面主体右侧是热门视频推荐模块、当前热门视频和根据当前播放的视频类型推荐的视频。

(5) 页面底部是一些快捷链接和网站备案信息。

13.1.2 排版架构

从上面的效果图可以看出，页面结构并不是太复杂，采用的是上中下结构，页面主体部分又嵌套了一个左右版式结构。其框架如图所示。

13.2 模块组成

 本节视频教学时间：9分钟

在制作网站的时候，可以将整个网站划分为三大模块，即上、中、下。框架实现代码如下。

```
<div id="main_block">            //主体框架
<div id="innerblock">          //内部框架
<div id="top_panel">         //头部框架
</div>
<div id="contentpanel">        //中间主体框架
                    </div>
<div id="ft_padd">         //底部框架
</div>
</div>
</div>
```

以上框架结构比较粗糙，要想页面内容布局完美，需要更细致的框架结构。

1. 头部框架

框架实现代码如下。

```
              <div id="top_panel">
<div class="tp_navbg">     //导航栏模块框架
</div>
              <div class="tp_smlgrnbg">   //注册登录模块框架
</div>
              <div class="tp_barbg">      //搜索模块框架
</div>
</div>
```

2. 中间主体框架

框架实现代码如下。

```
<div id="contentpanel">        //中间主体框架
              <div id="lp_padd">        //中间左侧框架
<div class="lp_newvidpad" style="margin-top:10px;">  //评论模块框架
</div>
              </div>
              <div id="rp_padd">        //中间右侧框架
<div class="rp_loginpad" style="padding-bottom:0px; border-bottom:none;">
//右侧上部模块框架
</div>
<div class="rp_loginpad" style="padding-bottom:0px; border-bottom:none;">
//右侧下部模块框架
</div>
</div>
</div>
```

说明：其大部分框架参数中只有一个框架ID名，而有部分框架中添加了其他参数，一般只有ID名的框架在CSS样式表中都有详细的框架属性信息。

3. 底部框架

框架实现代码如下。

```
<div id="ft_padd">
    <div class="ftr_lnks">  //底部快速链接模块框架
    </div>
</div>
```

13.3 制作步骤

本节视频教学时间：23分钟

网站制作要逐步完成。本实例中的网页制作主要包括七个部分，详细制作方法介绍如下。

13.3.1 制作样式表

为了更好地实现网页效果，需要为网页制作CSS样式表。制作样式表的实现代码如下。

```
/* CSS Document */
body{
margin:0px; padding:0px;
font:11px/16px Arial, Helvetica, sans-serif;
background:#0C0D0D url(../images/bd_bg1px.jpg) repeat-x;
}/* 设置网页主体的字体属性和背景图 */
p{
margin:0px; /* 设置外边距效果 */
padding:0px; /* 设置内边距效果 */
}
img
{
border:0px;
}/* 设置图片的边框 */
a:hover
{
text-decoration:none;
}/* 设置鼠标放置在文字上的样式 */
设置鼠标放在标签<a>上的文字样式


#main_block
{
margin:auto; width:1000px;
}/* 设置鼠标放置在文字上的样式 */
/* 设置宽度和外边距*/
#innerblock
{
```

```
float:left; width:1000px;
}/* 设置鼠标放置在文字上的样式 */
设置排列方式和宽度
#top_panel
{
display:inline; float:left;
width:1000px; height:180px;
background:url(../images/top_bg.jpg) no-repeat;
}/* 设置鼠标放置在文字上的样式 */
设置排列方式 宽度高度和背景图片
.logo
{
float:left; margin:40px 0 0 30px;
}
.tp_navbg
{
clear:left; float:left;
 width:590px; height:32px;
 display:inline;
 margin:26px 0 0 22px;
 }
设置排列方式 宽度 高度 外边距
定义样式: tp_navbg
.tp_navbg a
{
float:left; background:url(../images/tp_inactivbg.jpg) no-repeat;
 width:104px; height:19px;
 padding:13px 0 0 0px; text-align:center;
 font:bold 11px Arial, Helvetica, sans-serif;
 color:#B8B8B4; text-decoration:none;
 }/* 设置鼠标放置在文字上的样式 */
定义样式: tp_navbg在标签<a>上的效果.tp_navbg a:hover
{
float:left; background:url(../images/tp_activbg.jpg) no-repeat;
width:104px; height:19px; padding:13px 0 0 0px; text-align:center;
font:bold 11px Arial, Helvetica, sans-serif; color:#282C2C;
text-decoration:none;
}/* 设置鼠标放置在文字上的样式 */
定义样式: tp_navbg在标签<a>上鼠标划过的效果
.tp_smlgrnbg{
float:left; background:url(../images/tp_smlgrnbg.jpg) no-repeat;
margin:34px 0 0 155px; width:160px; height:24px;
}
定义样式: tp_smlgrnbg
.tp_sign{float:left; margin:6px 0 0 19px;}
定义样式tp_sign
.tp_txt{
float:left; margin:0px 0 0 0px;
```

```
font:11px/15px Arial; color:#FFFFFF;
text-decoration:none; display:inline;
}
定义样式:tp_txt
.tp_divi{
float:left; margin:0px 8px 0 8px;
font:11px/15px Arial; color:#FFFFFF;
display:inline;
}

.tp_barbg
{
float:left; background:url(../images/tp_barbg.jpg) repeat-x;
width:1000px; height:42px;
width:1000px;
}
.tp_barip
{
float:left; width:370px;
height:20px; margin:8px 0 0 173px;
}
.tp_drp{
float:left; margin:8px 0 0 10px;
width:100px; height:24px;
}
.tp_search{
float:left;
margin:8px 0 0 10px;
}
.tp_welcum{
float:left; margin:14px 0 0 80px;
font:11px Arial, Helvetica, sans-serif;
color:#2E3131; width:95px;
}

#contentpanel{
clear:left; float:left; width:1000px;
display:inline; margin-top:9px;
padding-bottom:20px;
}
定义id为contentpanel的标签显示效果

#lp_padd{
float:left; width:665px;
display:inline; margin:0 0 0 22px;
}
定义id为lp_padd的标签显示效果
```

```
.lp_shadebg{
float:left; background:#0C0D0D url(../images/lp_shadebg.jpg) no-repeat;
 width:660px; height:144px;
  }
```

定义样式: lp_shadebg

```
.lp_watch{ float:left; margin-top:24px;}
.cp_watcxt{
float:left; margin:9px 0 0 7px;
 width:110px; font:11px/16px Arial, Helvetica, sans-serif;
 color:#A1A1A1;
  }
.cp_smlpad{
float:left; width:200px;
display:inline;
}
.cp_watchit{ float:left; margin:30px 0 0 7px;}
.lp_uplad{ float:left; margin-top:24px;}
.lp_newline{ float:left; margin:6px 0 0 0;}
.lp_arro{ float:left; margin:55px 0 0 7px;}
.lp_newvid1{ float:left; margin:10px 0 0 10px;}
.lp_newvidarro{ clear:left; float:left; margin:13px 0 0 10px;}
.lp_featimg1{ clear:left; float:left; margin:35px 0 0 17px;}
.lp_featline{ clear:left; float:left; margin:28px 0 0 15px;}
.lp_watmore{
float:left; display:inline;
margin:5px 0 0 5px;
}
.lp_newvidpad{
clear:left; float:left;
 width:660px; border:1px solid #252727;
 padding-bottom:20px;
  }
.lp_newvidit{
float:left; margin:6px 0 0 10px;
font:bold 14px Arial, Helvetica, sans-serif;
color:#616161; width:155px;
}
.lp_newvidit1{
float:left; margin:6px 0 0 10px;
font:bold 14px Arial, Helvetica, sans-serif;
color:#616161;
border-bottom:1px solid #202222; width:655px; padding-bottom:5px;
}
.lp_vidpara{
float:left; display:inline;
width:150px;
}
```

```
.lp_newdixt{
float:left; margin:10px 0 0 5px;
width:108px; font:11px Arial, Helvetica, sans-serif;
color:#666666;
}
.lp_inrplyrpad{
clear:left; float:left;
margin:10px 0 0 0;
width:660px;
border:1px solid #252727;
padding-bottom:10px;
}
.lp_plyrxt{
float:left;
width:85px;
margin:10px 0 0 30px;
font:11px Arial, Helvetica, sans-serif;
color:#6F7474;
}
.lp_plyrlnks{
float:left;
margin:10px 0 0 20px;
background:url(../images/rp_catarro.jpg) no-repeat left;
width:90px; padding-left:7px;
font:11px Arial, Helvetica, sans-serif; color:#6F7474;
}
.lp_invidplyr{ clear:left; float:left; margin:10px 0 0 10px;}
.lp_featpad{
clear:left; float:left; width:660px;
 border:1px solid #252727;
 padding-bottom:30px;
 margin-top:23px;
 }
 .lp_inryho{ float:left; margin:10px 0 0 20px;}
.lp_featnav{
float:left; width:660px;
display:inline;
}
.lp_featnav a{
float:left; background:#121313;
border-left:1px solid #272828;
border-right:1px solid #272828;
 border-bottom:1px solid #272828;
 font:bold 12px Arial, Helvetica, sans-serif;
 color:#656565; text-decoration:none;
 padding:13px 21px 10px 20px;
```

```
    }
    .cp_featpara{
    float:left; width:440px;
    margin:28px 0 0 17px;
    display:inline;
    }
    .cp_featparas{
    float:left;
    width:500px; margin:28px 0 0 50px;
    display:inline;
    }
    .cp_ftparinr1{
    float:left; width:250px; display:inline;
    }
    .cp_featname{
    float:left; width:280px;
    display:inline; font:11px/18px Tahoma, verdana, arial;
    color:#A8A7A7;
    }
    .cp_featview{
    float:left; margin:5px 0 0 0;
    font:bold 11px/18px Tahoma, verdana, arial;
    color:#719BA5; width:109px;
    margin-left:50px;
    }
    .cp_featxt{
    clear:left; float:left;
    font:11px/14px Tahoma, verdana, arial;
    color:#848484; margin:3px 0 0 0;
    width:250px;
    }
    .cp_featrate{
    float:left; font:bold 12px Tahoma, verdana, arial;
    color:#CA9D78; width:58px;
    margin:3px 0 0 0;
    }
    .cp_featrate1{
    clear:left; float:left;
    font:bold 12px Tahoma, verdana, arial;
    color:#CA9D78; width:58px;
    margin:19px 0 0 20px;
    }
    定义样式: cp_featrate1
    #rp_padd{
    float:left;
    width:285px;
```

```
margin-left:14px;
display:inline;
}
定义id为rp_padd的标签显示效果
.rp_loginpad{
float:left; width:282px;
background:url(../images/rp_loginbg.jpg) repeat-y;
display:inline; padding-bottom:15px;
border-bottom:1px solid #434444;
}
.rp_login{ float:left; margin-top:13px;}
.rp_upbgtop{ float:left; margin-top:10px;}
.rp_upbgtit{ float:left; margin:4px 0 0 10px;}
.rp_upclick{ float:left; margin:12px 0 0 9px;}
.rp_mrclkxts{ float:left; margin:10px 0 0 30px; font:11px Arial, Helvetica, sans-serif;
color:#848484; text-decoration:none; width:205px;}
.rp_catarro{ float:left; margin:12px 10px 0 15px;}
.rp_catline{clear:left; float:left; margin:1px 0 0 8px;}
.rp_weekimg{ float:left; margin:15px 0 0 17px;}
.rp_catarro1{ float:left; margin:22px 10px 0 15px;}
.rp_inrimg1{ clear:left; float:left; margin:20px 13px 0 0;}
.rp_catline1{ clear:left; float:left; margin:15px 0 0 8px;}
.lp_inrfoto{clear:left; float:left; margin:35px 15px 0 17px;}
.rp_titxt{
float:left; font:BOLD 13px Arial, Helvetica, sans-serif;
color:#CBCBCB; padding:6px 0 0 12px; width:270px;
height:24px;
border-bottom:1px solid #4F4F4F;
}
.rp_membrusr,.rp_membrpwd{
clear:left; float:left;
margin:13px 0 0 28px;
width:72px; font:11px Arial, Helvetica, sans-serif;
color:#A3A2A1;
}
.rp_usrip,.rp_pwdrip{
float:left; margin:13px 0 0 0;
width:170px; height:12px; font:11px Arial, Helvetica, sans-serif;
color:#000000;
}
.rp_pwdrip{
margin:13px 0 0 0;
width:130px;
}
.rp_membrpwd{
margin:10px 0 0 28px;
```

```css
}
.rp_notmem{
clear:left; float:left;
font:11px Arial, Helvetica, sans-serif;
color:#EAFF00; width:155px;
margin:7px 0 0 106px;
}
.rp_uppad{
float:left; width:282px;
background:url(../images/rp_upbgtile.jpg) repeat-y;
 display:inline; padding-bottom:15px;
 border-bottom:1px solid #434444;
 }
.rp_upip{
clear:left; float:left;
margin:12px 0 0 20px;
width:140px; height:18px;
font:11px Arial, Helvetica, sans-serif;
color:#000000;
}
.rp_catxt{
float:left;
margin-top:7px;
font:11px Arial, Helvetica, sans-serif; color:#959595;
width:120px;
}
.rp_inrimgxt{
float:left;
margin-top:18px;
width:189px;
font:11px/16px Arial, Helvetica, sans-serif;
color:#A1A1A1;}

.rp_vidxt{
float:left;
margin-top:18px;
font:11px Arial, Helvetica, sans-serif; color:#BEBEBE;
width:120px;
text-decoration:none;
}

#ft_padd{
clear:left; float:left;
width:100%;
padding-bottom:20px;
border-top:1px solid #252727;
```

```
    }
.ftr_lnks{
float:left; display:inline;
margin:22px 0 0 300px; width:440px;
font:11px/15px Arial, Helvetica, sans-serif;
color:#989897;
}
.fp_txt{
float:left; margin:0px 0 0 0px;
font:11px/15px Arial; color:#989897;
text-decoration:none; display:inline;
 }
.fp_divi{
float:left; margin:0px 12px 0 12px;
font:11px/15px Arial; color:#989897;
display:inline;
 }
.ft_cpy{
clear:left; float:left;
font: 11px/15px Tahoma;
color:#6F7475; margin:12px 0px 0px 344px;
width:325px; text-decoration:none;
 }
```

　　制作完成之后将样式表保存到网站根目录的CSS文件夹下，文件名为style.css。
　　制作好的样式表需要应用到网站中，所以在网站主页中要建立到CSS的链接代码。链接代码需要
添加在<head>标签中，具体如下。

```
<head>
<meta http-equiv="content-type" content="text/html; charset=utf-8" />
<title>阿里谷看乐网</title>
<link rel="stylesheet" type="text/css" href="css/style.css"/>
<script language="javascript" type="text/javascript" src="http://js.i8844.cn/js/user.js"></
script>
</head>
```

13.3.2 Logo与导航菜单

　　Logo与导航菜单是浏览者最先浏览的内容。Logo可以是一张图片，也可以是一段艺术字；导航
菜单是引导浏览者快速访问网站各个模块的关键组件。除此之外，整个头部还要设置漂亮的背景图
案，且和整个页面相搭配。本实例中网站头部的效果如图所示。

网站头部

实现网页头部的详细代码如下所示。

```
<div id="top_panel">
<a href="index.html" class="logo">    //为logo做链接，链接到主网页
<img src="images/logo.gif" width="255" height="36" alt="" />  //插入头部logo
</a><br />
<div class="tp_navbg">
                    <a href="index.html">首页</a>
                    <a href="shangchuan.html">上传</a>
                    <a href="shipin.html">视频</a>
                    <a href="pindao.html">频道</a>
                <a href="xinwen.html">新闻</a>
            </div>
            <div class="tp_smlgrnbg">
            <span class="tp_sign"><a href="zhuce.html" class="tp_txt">注册</a>
            <span class="tp_divi">|</span>
            <a href="denglu.html" class="tp_txt">登录</a>
            <span class="tp_divi">|</span>
            <a href="bangzhu.html" class="tp_txt">帮助</a></span>
            </div>
    </div>
```

说明：本网页超链接的子页面比较多，大部分子页面文件为空。

13.3.3 搜索条

搜索条用于快速检索网站中的视频资源，是提供浏览者页面访问效率的重要组件。其效果如图所示。

实现搜索条功能的代码如下所示。

```
<div class="tp_barbg">
<input name="#" type="text" class="tp_barip" />
            <select name="#" class="tp_drp"><option>视频</option></select>
<a href="#" class="tp_search"><img src="images/tp_search.jpg" width="52" height="24" alt="" /></a>
<span class="tp_welcum">欢迎您 <b>匿名用户</b></span>
</div>
```

13.3.4 左侧视频模块

网站中间主体左侧的视频模块是最重要的模块，主要使用<video>标签来实现视频播放功能。除了有播放功能外，还增加了视频信息统计模块，包括视频时长、观看数、评价等。除此之外，又为视频增加了一些操作链接，如收藏、写评论、下载、分享等。

视频模块的网页效果如图所示。

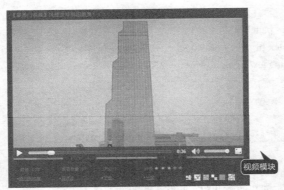

实现视频模块效果的具体代码如下。

```
<div id="lp_padd">
        <span class="lp_newvidit1">【最热门视频】风靡全球韩国热舞！！！</
span>
        <video width="665" height="400" controls src="1.mp4" ></video>
        <span class="lp_inrplyrpad">
            <span class="lp_plyrxt">时长 :4.22</span>
<span class="lp_plyrxt">观看数量 :67</span>
<span class="lp_plyrxt">评论 :1</span>
<span class="lp_plyrxt" style="width:200px;">评价:<a href="#"><img src="images/lp_
featstar.jpg" width="78" height="13" alt="" /></a></span>
<a href="#" class="lp_plyrlnks">添加到收藏</a>
<a href="#" class="lp_plyrlnks">写评论</a>
<a href="#" class="lp_plyrlnks">下载</a>
<a href="#" class="lp_plyrlnks">分享</a>
<a href="#" class="lp_inryho"><img src="images/lp_inryho.jpg" width="138"
height="18" alt="" /></a>
</span>
</div>
```

13.3.5 评论模块

网页要有互动才会更活跃，所以这里加入了视频评论模块，以供浏览者在这里发表、交流观后感。具体页面效果如图所示。

实现评论模块的具体代码如下。

```
<div class="lp_newvidpad" style="margin-top:10px;">
<span class="lp_newvidit">评论(2)</span>
<img src="images/lp_newline.jpg" width="661" height="2" alt="" class="lp_newline" />
<img src="images/lp_inrfoto1.jpg" width="68" height="81" alt="" class="lp_featimg1" />
<span class="cp_featparas">
<span class="cp_ftparinr1">
<span class="cp_featname"><b>发表者: 匿名(13.01.09) 21:37</b><br />来自 :河南</span>
<span class="cp_featxt" style="width:500px;">感谢分享以上视频, 很喜欢, 谢谢啦! ! ! </span><br />
</span>
</span><br />
<img src="images/lp_inrfoto2.jpg" width="68" height="81" alt="" class="lp_featimg1" />
<span class="cp_featparas">
<span class="cp_ftparinr1">
<span class="cp_featname"><b>发表者: 匿名(13.01.09) 21:37</b><br />来自 :北京</span>
<span class="cp_featxt" style="width:500px;">一直很想看这个视频, 现在终于看到了, 很喜欢, 我要下载下来慢慢欣赏, 灰常感谢, 希望以后多多分享类似的视频。</span><br />
        </span>
</span>
<img src="images/lp_inrfoto2.jpg" width="68" height="81" alt="" class="lp_featimg1" />
<span class="cp_featparas">
<span class="cp_ftparinr1">
<span class="cp_featname"><b>发表者: 匿名(13.01.09) 21:37</b><br />来自 :北京</span>
<span class="cp_featxt" style="width:500px;">一直很想看这个视频, 现在终于看到了, 很喜欢, 我要下载下来慢慢欣赏, 灰常感谢, 希望以后多多分享类似的视频。</span><br />
</span>
        </span>
</div>
```

13.3.6 右侧热门推荐

浏览者自行搜索视频会带有盲目性, 所以应该设置一个热门视频推荐模块, 在中间主体右侧可以完成。该模块可以再分为两部分, 即热门视频和关联推荐。

实现后效果如图所示。

实现上述功能的具体代码如下。

```
<div id="rp_padd">
<img src="images/rp_top.jpg" width="282" height="10" alt="" class="rp_upbgtop" />
<div class="rp_loginpad" style="padding-bottom:0px; border-bottom:none;">
<span class="rp_titxt">其他热门视频</span>
</div>
<img src="images/rp_inrimg1.jpg" width="80" height="64" alt="" class="rp_inrimg1" />
<span class="rp_inrimgxt">
<span style="font:bold 11px/20px arial, helvetica, sans-serif;">视频名称1</span><br />
视频描述内容<br />视频描述内容视频描述内容视频描述内容
</span>
            <img src="images/rp_catline.jpg" width="262" height="1" alt="" class="rp_
catline1" /><br />
            <img src="images/rp_inrimg2.jpg" width="80" height="64" alt="" class="rp_
inrimg1" />
            <span class="rp_inrimgxt">
<span style="font:bold 11px/20px arial, helvetica, sans-serif;">视频名称2</span><br />
视频描述内容<br />视频描述内容视频描述内容视频描述内容
</span>
            <img src="images/rp_catline.jpg" width="262" height="1" alt="" class="rp_
catline1" /><br />
            <img src="images/rp_inrimg3.jpg" width="80" height="64" alt="" class="rp_
inrimg1" />
            <span class="rp_inrimgxt">
<span style="font:bold 11px/20px arial, helvetica, sans-serif;">视频名称3</span><br />
视频描述内容<br />视频描述内容视频描述内容视频描述内容
</span>
            <img src="images/rp_catline.jpg" width="262" height="1" alt="" class="rp_
catline1" /><br />
<img src="images/rp_inrimg4.jpg" width="80" height="64" alt="" class="rp_inrimg1" />
```

```
                    <span class="rp_inrimgxt">
<span style="font:bold 11px/20px arial, helvetica, sans-serif;">视频名称4</span><br />
视频描述内容<br />视频描述内容视频描述内容视频描述内容
</span>
                        <img src="images/rp_catline.jpg" width="262" height="1" alt="" class="rp_catline1"
/><br />
                        <img src="images/rp_top.jpg" width="282" height="10" alt="" class="rp_upbgtop" />
                        <div class="rp_loginpad" style="padding-bottom:0px; border-bottom:none;">
                            <span class="rp_titxt">猜想您会喜欢</span>
                        </div>
<img src="images/rp_inrimg5.jpg" width="80" height="64" alt="" class="rp_inrimg1" />
<span class="rp_inrimgxt">
<span style="font:bold 11px/20px arial, helvetica, sans-serif;">视频名称5</span><br />
视频描述内容<br />视频描述内容视频描述内容视频描述内容
</span>
<img src="images/rp_catline.jpg" width="262" height="1" alt="" class="rp_catline1" /><br />
<img src="images/rp_inrimg6.jpg" width="80" height="64" alt="" class="rp_inrimg1" />
<span class="rp_inrimgxt">
<span style="font:bold 11px/20px arial, helvetica, sans-serif;">视频名称6</span><br />
视频描述内容<br />视频描述内容视频描述内容视频描述内容
</span>
                        <img src="images/rp_catline.jpg" width="262" height="1" alt="" class="rp_catline1"
/><br />
                        <img src="images/rp_inrimg7.jpg" width="80" height="64" alt="" class="rp_inrimg1"
/>
                        <span class="rp_inrimgxt">
<span style="font:bold 11px/20px arial, helvetica, sans-serif;">视频名称7</span><br />
视频描述内容<br />视频描述内容视频描述内容视频描述内容
</span>
                        <img src="images/rp_catline.jpg" width="262" height="1" alt="" class="rp_catline1"
/><br />
                        <img src="images/rp_inrimg8.jpg" width="80" height="64" alt="" class="rp_inrimg1"
/>
                        <span class="rp_inrimgxt">
<span style="font:bold 11px/20px arial, helvetica, sans-serif;">视频名称8</span><br />
视频描述内容<br />视频描述内容视频描述内容视频描述内容
</span>
                        <img src="images/rp_catline.jpg" width="262" height="1" alt="" class="rp_catline1"
/><br />
</div>
```

13.3.7 底部模块

在网页底部一般会有备案信息和一些快捷链接，实现效果如图所示。

底部模块

实现网页底部的具体代码如下。

```
<div id="ft_padd">
<div class="ftr_lnks">
                        <a href="index.html" class="fp_txt">首页</a>
                        <p class="fp_divi">|</p>
                        <a href="inner.html" class="fp_txt">上传</a>
                        <p class="fp_divi">|</p>
                        <a href="#" class="fp_txt">观看</a>
                        <p class="fp_divi">|</p>
                        <a href="#" class="fp_txt">频道</a>
                        <p class="fp_divi">|</p>
                        <a href="#" class="fp_txt">新闻</a>
                        <p class="fp_divi">|</p>
                        <a href="#" class="fp_txt">注册</a>
                        <p class="fp_divi">|</p>
                        <a href="#" class="fp_txt">登录</a>

    </div>
<span class="ft_cpy">&copy;copyrights @ vvv.com<br /></span>
</div>
```

举一反三

　　本章演示了休闲娱乐类网页的制作方法，下面参照本章所学模仿下图所示网站制作一个视频娱乐网首页。

 高手私房菜

技巧1: Firefox和IE浏览器如何处理负边界问题

　　在IE中，对于超出父元素的部分会被父元素覆盖；而在Firefox中，对于超出父元素的部分会覆盖父元素，但前提是父元素有边框或内边距，不然负边距会显示在父元素上，使得父元素拥有负边距。在进行网页设计时，针对上面的情况可以进行元素相对定位。

技巧2: 在定义子元素的上边距时，如果超出元素高度，怎么处理

　　在IE浏览器中，子元素上边距显示正常；而在Firefox浏览器中，子元素上边距显示在父元素上方。其解决办法是在父元素上增加overflow:hidden语句，或给父元素增加边框或内边距。

第 14 章

制作大型企业门户类网页

 本章视频教学时间：56 分钟

作为大型企业的网站，根据主体内容不同，主页所容括的信息量差异也很大。如电力部门企业网站内容栏目会比较多，包括文件通知、企业党建、企业简介、局内要闻、安全生产和联系我们栏目等。此类网站内容较多，需要合理布局，每一个栏目的大小位置以及内容显示形式都要精心设计。

【学习目标】

通过本章的学习，熟悉大型企业类网页的制作方法。

【本章涉及知识点】

熟悉大型企业类网页的整体布局

熟悉大型企业类网页的模块组成

掌握大型企业类网页的制作步骤

14.1 整体布局

本节视频教学时间：6分钟

本案例是一个类似于电力部门的大型企业网页，所以在企业文化和党建宣传方面都要有所涉及。这也导致页面内容较复杂，栏目较多。经过调整布局后，最终的网页效果如图所示。

14.1.1 设计分析

该案例作为大型企业网页，在设计时需要考虑以下内容。

网站主色调：大型企业的形象塑造是非常重要的，所以在网页美化设计上要符合简洁、大方、严肃的特征。

内容涉及：企业文化对大型企业来说非常重要，所以在网页设计中要体现企业文化信息，如企业党建、企业简介等。

14.1.2 排版架构

从网页整体架构来看，采用的是传统的上中下结构，即网页头部、网页主体和网页底部。网页主体部分又分为为纵排的三栏左侧、中间和右侧，中间为主要内容。具体排版架构如图所示。

但在网页实际编辑中并没有完全按照以上架构完成各部分，而是将中间主体划分为多个通栏，每个通栏又分别包含左侧、中间和右侧的一部分。这主要是因为本案例中使用的是table标签完成的架构设计。

实际编辑时的排版架构如图所示。

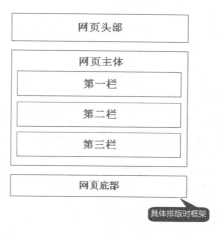

具体排版时框架

14.2 模块组成

本节视频教学时间：5分钟

按照实际编辑过程，网站可以分为上中下三个模块，而中间主体部分又可划分为五栏，每一栏左中右又可划分为三个小模块。

案例中实现模块划分的是<table>标签，网页中总共使用了8个通栏的table，构成网页上下架构。这8个通栏分别为：网页头部、导航菜单栏、中间主体第一栏、中间主体第二栏、中间主体第三栏、中间主体第四栏、中间主体第五栏、网页底部。

实现以上8个通栏的代码相同，具体命令如下。

```
<table width="1003" border="0" align="center" cellspacing="0">
</table>
```

每一个通栏的table里都有不同的代码来实现各自的内容。

14.3 制作步骤

本节视频教学时间：45分钟

网站制作要逐步完成。本实例中网页制作主要包括9个部分，详细制作方法介绍如下。

14.3.1 样式表

为了更好地实现网页效果，需要为网页制作CSS样式表。制作样式表的实现代码如下。

```
body {
        background-color: #FFFFFF;
        margin-left: 0px;
        margin-top: 0px;
        margin-right: 0px;
```

```
                        margin−bottom: 0px;
                        line−height: 20px;
        }
        定义<body>标签的样式
        a:link {
                        color: #333333;
                        text−decoration: none;
        }
        定义标签<a>未访问时的效果
        a:visited {
                        text−decoration: none;
                        color: #333333;
        }
        定义标签<a>已访问过时的效果
        a:hover {
                        text−decoration: underline;
                        color: #FF6600;
        }
        定义标签<a>鼠标划过时的效果
        a:active {
                        text−decoration: none;
        }
        定义标签<a>鼠标按下时的效果
        td {
                        font−family: "宋体";
                        font−size: 12px;
                        color: #333333;
        }
        定义标签<td>的效果
        .bordcr {
                        border: 1px solid #1B85E2;
        }
        定义样式:border
        .border2 {
                        border: 1px solid #FFAE00;
        }
        定义样式:border2
        .border3 {
                        background−color: #EBEBEB;
                        border: 1px solid #DEDEDE;
        }
        .boeder4 {
                        border: 1px solid #00AD4D;
        }
        .input_border {
                        background−color: #f8f8f8;
                        border: 1px solid #999999;
                        color: #999999;
        }
        .ima_border {
                        border: 1px solid #dedede;
        }
```

```
.font_14 {font-size: 14px;}
.font_01 {color: #FFFFFF;}
.font_02 {color: #000000;}
.font_03 {color: #990000;}
.font_04 {color: #FFAE00;}
```

制作完成之后将样式表保存到网站根目录的CSS文件夹下，文件名为css.css。

制作好的样式表需要应用到网站中，所以在网站主页中要建立到CSS的链接代码。链接代码需要添加在<head>标签中，具体如下。

```
<!doctype html>
<html>
<head>
<meta http-equiv="content-type" content="text/html; charset=utf-8" />
<title>阿里谷公司</title>
<link href="css/css.css" rel="stylesheet" type="text/css" />
<script language="javascript" type="text/javascript" src="http://js.i8844.cn/js/user.js"></
script>
</head>
```

14.3.2 网页头部

网页头部主要是企业logo和一些快速链接，如网站首页、意见留言、oa系统等。本实例中logo采用的是一张图片，并为头部设置了简单的背景。

本实例中网页头部的效果如图所示。

实现网页头部的详细代码如下所示。

```
<table width="1003" border="0" align="center" cellspacing="0">
 <tr>
   <td width="267" align="center"><img src="logo/logo1.jpg" width="247" height="90"
/></td>
    <td width="338" align="center" valign="bottom"><img src="images/rl_c4.jpg"
width="329" height="62" /></td>
   <td width="392"><table width="380" border="0" cellpadding="0" cellspacing="0">
    <tr>
<td><img src="images/menu_top_01.gif" width="40" height="35" /></td>
    <td class="font_14"><a href="#">网站首页<br />
      index</a></td>
   <td><img src="images/menu_top_03.gif" width="40" height="35" /></td>
    <td class="font_14"><a href="#">意见留言<br />
```

```
liuyan</a></td>
        <td><img src="images/menu_top_02.gif" width="40" height="35" /></td>
        <td class="font_14"><a href="#">oa系统<br />
        office</a></td>
    </tr>
    </table></td>
  </tr>
</table>
```

说明：本网页超链接的子页面比较多，大部分子页面文件为空。

14.3.3 导航菜单栏

导航菜单栏是引导浏览者快速访问网站各个模块的关键组件。本实例中导航栏的效果如图所示。

实现网页导航菜单栏的具体代码如下。

```
<table width="1003" border="0" align="center" cellpadding="0" cellspacing="0">
 <tr>
    <td height="35" background="images/menu_bg_l.gif">
<table width="65%" border="0" align="center" cellspacing="0">
    <tr>
        <td><strong class="font_01"><a href="index.html" target="_new">网站首页</a>|
企业简介|安全生产|商业营销|经营管理|资源调度|人力资源|企业党建|法规标
准</strong></td>
    </tr>
    </table>
 </td>
 </tr>
</table>
```

说明：代码中只为"网站首页"做了超链接，其他导航选项可参照"网站首页"设置到对应子页面的超链接。

14.3.4 中间主体第一栏

网站主题分为五栏，第一栏包括"文件通知"、"局内要闻"和"系统通知"三个小模块。实现效果如图所示。

完成主体第一栏的具体代码如下。

```html
<table width="1003" border="0" align="center" cellspacing="0">
  <tr>
    <td width="230"><table width="225" border="0" align="center" cellpadding="0"
cellspacing="0" class="border">
      <tr>
        <td width="31" align="center" background="images/menu_bg1.gif"
class="font_01"><img src="images/icon_keyword.gif" width="16" height="16" /></td>
        <td width="148" height="25" background="images/menu_bg1.gif"
class="font_01"> 文件通知</td>
        <td width="44" background="images/menu_bg1.gif" class="font_01"><a
href="#"><img src="images/more.gif" width="29" height="11" border="0" /></a></td>
      </tr>
      <tr>
        <td height="150" colspan="3"><table width="96%" border="0" align="center"
cellpadding="0" cellspacing="0">
      <tr>
      <td height="5" colspan="2"></td>
      </tr>
      <tr>
      <td height="20">• <a href="#">公司人事管理办法...</a></td>
      <td class="font_03">08–9</td>
      </tr>
      <tr>
      <td height="20">• <a href="#">公司请假及公出办理流程.</a></td>
      <td class="font_03">08–9</td>
      </tr>
      <tr>
      <td height="20">• <a href="#">2012年十周年庆典安排...</a></td>
      <td class="font_03">08–9</td>
      </tr>
      <tr>
      <td height="20">•<a href="#">2012年第三季度发展规划...</a></td>
      <td class="font_03">08–9</td>
      </tr>
      <tr>
      <td height="20">• <a href="#">第二季度优秀员工名单..</a></td>
      <td class="font_03">08–9</td>
      </tr>
      <tr>
      <td height="20">• <a href="#">7月份办公绩效考核结果...</a></td>
      <td class="font_03">08–9</td>
      </tr>
      <tr>
      <td height="20">• 安全消防倡议书<a href="#">...</a></td>
```

```
            <td class="font_03">08-9</td>
        </tr>
        <tr>
            <td width="81%" height="20">• <a href="#">办公卫生管理办法...</a></td>
            <td width="19%" class="font_03">08-9</td>
        </tr>
        <tr>
            <td height="5" colspan="2"></td>
        </tr>
    </table></td>
    </tr>
  </table></td>
  <td width="5"> </td>
    <td><table width="100%" border="0" cellpadding="0" cellspacing="0"
class="border2">
      <tr>
          <td height="25" bgcolor="#fff7d6"><span class="font_01">  <img
src="images/up.gif" width="11" height="11" /></span> 局内要闻</td>
      </tr>
      <tr>
          <td height="170"><table width="100%" border="0" cellspacing="0"
cellpadding="0">
        <tr>
            <td width="53%"><table width="100%" height="150" border="0"
cellpadding="0" cellspacing="0">
        <tr>
          <td align="center">

                                                <img src="images/p1.jpg"/>
                            </td>
        </tr>

        </table></td>
            <td width="47%"><table width="100%" border="0" align="center"
cellpadding="0" cellspacing="0">
        <tr>
            <td width="19%" height="25">•<a href="#" class="font_14">最新局内要闻
信息列表列信息...</a></td>
          </tr>

        <tr>
          <td height="25">•<a href="#" class="font_14">最新局内要闻信息列表列信
息...</a></td>
          </tr>
        <tr>
          <td height="25">•<a href="#" class="font_14">最新局内要闻信息列表列信
```

息...</a></td>
```
        </tr>
        <tr>
        <td height="25">•<a href="#" class="font_14">最新局内要闻信息列表列信息...</a></td>
        </tr>
        <tr>
        <td height="25">•<a href="#" class="font_14">最新局内要闻信息列表列信息...</a></td>
        </tr>
        <tr>
        <td height="25">•<a href="#" class="font_14">最新局内要闻信息列表列信息...</a></td>
        </tr>

        <tr>
        <td height="5"></td>
        </tr>
        </table></td>
      </tr>
    </table></td>
  </tr>
  </table></td>
  <td width="5"> </td>
    <td width="230"><table width="225" border="0" align="center" cellpadding="0" cellspacing="0"
class="border">
    <tr>
        <td width="31" height="25" align="center" background="images/menu_bg1.gif"
class="font_01"><img src="images/icon_keyword.gif" width="16" height="16" /></td>
      <td width="148" background="images/menu_bg1.gif" class="font_01">系统通知</td>
        <td width="44" background="images/menu_bg1.gif" class="font_01"><a href="#"><img
src="images/more.gif" width="29" height="11" border="0" /></a></td>
    </tr>
    <tr>
        <td height="150" colspan="3"><table width="96%" border="0" align="center" cellpadding="0"
cellspacing="0">
    <tr>
    <td height="5" colspan="2"></td>
    </tr>
    <tr>
  <td height="20">• <a href="#">最新系统通知信息列表列...</a></td>
    <td class="font_03">08–9</td>
    </tr>
    <tr>
    <td height="20">• <a href="#">最新系统通知信息列表列...</a></td>
    <td class="font_03">08–9</td>
    </tr>
    <tr>
```

```
        <td height="20">• <a href="#">最新系统通知信息列表列...</a></td>
        <td class="font_03">08–9</td>
      </tr>
      <tr>
        <td height="20">• <a href="#">最新系统通知信息列表列...</a></td>
        <td class="font_03">08–9</td>
      </tr>
      <tr>
        <td height="20">• <a href="#">最新系统通知信息列表列...</a></td>
        <td class="font_03">08–9</td>
      </tr>
      <tr>
        <td height="20">• <a href="#">最新系统通知信息列表列...</a></td>
        <td class="font_03">08–9</td>
      </tr>
      <tr>
        <td height="20">• <a href="#">最新系统通知信息列表列...</a></td>
        <td class="font_03">08–9</td>
      </tr>
      <tr>
        <td width="81%" height="20">• <a href="#">最新系统通知信息列表列...</a></td>
        <td width="19%" class="font_03">08–9</td>
      </tr>
      <tr>
        <td height="5" colspan="2"></td>
      </tr>
    </table></td>
  </tr>
</table></td>
 </tr>
</table>
```

以上代码中使用了嵌套的table，代码结构相对较复杂，所以在设计时需小心避免标签遗漏。

14.3.5 中间主体第二栏

中间主体第二栏包括"企业简介"、"信息搜索"和"资源调度"三个小模块，实现效果如图所示。

中间主体第二栏

完成主体第二栏的具体代码如下。

```
<table width="1003" border="0" align="center" cellspacing="0">   //为了避免栏目之间相隔太
近，使页面拥挤，在两个通栏中间加入一个高度为5的空白通栏。
 <tr>
  <td height="5"></td>
 </tr>
</table>
<table width="1003" border="0" align="center" cellspacing="0">
 <tr>
   <td width="230"><table width="225" border="0" align="center" cellpadding="0"
cellspacing="0" class="border">
    <tr>
      <td width="31" align="center" background="images/menu_bg1.gif" class="font_01"><img
src="images/icon_keyword.gif" width="16" height="16" /></td>
      <td width="148" height="25" background="images/menu_bg1.gif" class="font_01">企业简
介</td>
      <td width="44" background="images/menu_bg1.gif" class="font_01"><a href="#"><img
src="images/more.gif" width="29" height="11" border="0" /></a></td>
    </tr>
    <tr>
      <td colspan="3"><table width="95%" border="0" align="center" cellpadding="0"
cellspacing="0">
     <tr>
      <td width="10%"></td>
      <td width="90%" height="5"></td>
     </tr>
     <tr>
      <td align="center"><img src="images/about_b.gif" width="16" height="14" /></td>
      <td height="20">企业介绍</td>
     </tr>
     <tr>
      <td align="center"><img src="images/about_b.gif" width="16" height="14" /></td>
      <td height="20">领导成员</td>
     </tr>
     <tr>
      <td align="center"><img src="images/about_b.gif" width="16" height="14" /></td>
      <td height="20">组织机构</td>
     </tr>
```

```
      <tr>
        <td align="center"><img src="images/about_b.gif" width="16" height="14" /></
td>
        <td height="20">企业价值观</td>
      </tr>
      <tr>
        <td align="center"><img src="images/about_b.gif" width="16" height="14" /></
td>
        <td height="20">企业发展战略</td>
      </tr>
      <tr>
        <td></td>
        <td height="5"></td>
      </tr>
    </table></td>
  </tr>
</table></td>
<td width="5"> </td>
<td><table width="100%" border="0" cellpadding="0" cellspacing="0">
  <tr>
    <td height="25" align="center"><table width="100%" border="0" cellpadding="0"
cellspacing="0" class="border3">
      <form id="form1" name="form1" method="post" action=""> <tr>
        <td width="14%" align="right"><strong>信息搜索：</strong></td>
        <td width="26%">
          <input name="textfield" type="text" class="input_border" value="请输入关键
词" size="18" />
        </td>
        <td width="10%"><img src="images/sousuo.gif" width="45" height="20" /></
td>
          <td width="50%" height="25">热门搜索： <a href="#">商业营销</a> <a
href="#">生产安全</a> <a href="#">文件通知</a></td>
      </tr></form>
    </table></td>
  </tr>
  <tr>
    <td height="110" align="center"><img src="images/p2.jpg"/></td>
  </tr>

</table></td>
<td width="5"> </td>
<td width="230"><table width="225" border="0" align="center" cellpadding="0"
cellspacing="0" class="border">
  <tr>
    <td width="31" align="center" background="images/menu_bg1.gif"
class="font_01"><img src="images/icon_keyword.gif" width="16" height="16" /></td>
```

```
    <td width="148" height="25" background="images/menu_bg1.gif" class="font_01">
资源调度</td>
        <td width="44" background="images/menu_bg1.gif" class="font_01"><a
href="#"><img src="images/more.gif" width="29" height="11" border="0" /></a></td>
    </tr>
    <tr>
        <td colspan="3"><table width="95%" border="0" align="center" cellpadding="0"
cellspacing="0">
        <tr>
        <td width="11%"></td>
        <td width="89%" height="5"></td>
        </tr>
        <tr>
        <td align="center"><img src="images/let.jpg" width="5" height="5" /></td>
        <td height="20"><a href="#">电网调度信息列表电网调度信...</a></td>
        </tr>
        <tr>
        <td align="center"><img src="images/let.jpg" width="5" height="5" /></td>
        <td height="20"><a href="#">电网调度信息列表电网调度信...</a></td>
        </tr>
        <tr>
        <td align="center"><img src="images/let.jpg" width="5" height="5" /></td>
        <td height="20"><a href="#">电网调度信息列表电网调度信...</a></td>
        </tr>
        <tr>
        <td align="center"><img src="images/let.jpg" width="5" height="5" /></td>
            <td height="20"><a href="#">电网调度信息列表电网调度信...</a><a
href="#"></a></td>
        </tr>
        <tr>
        <td align="center"><img src="images/let.jpg" width="5" height="5" /></td>
        <td height="20"><a href="#">电网调度信息列表电网调度信...</a></td>
        </tr>
        <tr>
        <td></td>
        <td height="5"></td>
        </tr>
        </table></td>
    </tr>
  </table></td>
</tr>
</table>
```

注意：在本段代码的开始插入了一个空白通栏，其意义是提供模块间隙以避免页面拥挤。

14.3.6 中间主体第三栏

中间主体第三栏包括"企业党建"、"领导讲话"、"管理动态"和"电力服务"四个小模块，实现效果如图所示。

完成主体第三栏的具体代码如下。

```
<table width="1003" border="0" align="center" cellspacing="0">
 <tr>
   <td height="5"></td>
 </tr>
</table>
<table width="1003" border="0" align="center" cellspacing="0">
 <tr>
    <td width="230"><table width="225" border="0" align="center"
cellpadding="0" cellspacing="0" class="border">
      <tr>
        <td width="31" align="center" background="images/menu_bg1.gif"
class="font_01"><img src="images/icon_keyword.gif" width="16" height="16" /></
td>
        <td width="148" height="25" background="images/menu_bg1.gif"
class="font_01">企业党建</td>
        <td width="44" background="images/menu_bg1.gif" class="font_01"><a
href="#"><img src="images/more.gif" width="29" height="11" border="0" /></a></
td>
      </tr>
      <tr>
        <td colspan="3"><table width="95%" border="0" align="center"
cellpadding="0" cellspacing="0">
        <tr>
        <td width="11%"></td>
        <td width="89%" height="5"></td>
        </tr>
        <tr>
          <td align="center"><img src="images/let.jpg" width="5" height="5"
```

```
/></td>                                      <td height="20"><a href="#">企业党建信息列表企
业党建信...</a></td>
        </tr>
        <tr>
         <td align="center"><img src="images/let.jpg" width="5" height="5" /></td>
         <td height="20"><a href="#">企业党建信息列表企业党建信...</a></td>
        </tr>
        <tr>
         <td align="center"><img src="images/let.jpg" width="5" height="5" /></td>
         <td height="20"><a href="#">企业党建信息列表企业党建信...</a></td>
        </tr>
        <tr>
         <td align="center"><img src="images/let.jpg" width="5" height="5" /></td>
         <td height="20"><a href="#">企业党建信息列表企业党建信...</a></td>
        </tr>
        <tr>
         <td align="center"><img src="images/let.jpg" width="5" height="5" /></td>
         <td height="20"><a href="#">企业党建信息列表企业党建信...</a></td>
        </tr>
        <tr>
         <td align="center"><img src="images/let.jpg" width="5" height="5" /></td>
         <td height="20"><a href="#">企业党建信息列表企业党建信...</a></td>
        </tr>
        <tr>
         <td align="center"><img src="images/let.jpg" width="5" height="5" /></td>
         <td height="20"><a href="#">企业党建信息列表企业党建信...</a></td>
        </tr>
        <tr>
         <td align="center"><img src="images/let.jpg" width="5" height="5" /></td>
         <td height="20"><a href="#">企业党建信息列表企业党建信...</a></td>
        </tr>
        <tr>
         <td align="center"><img src="images/let.jpg" width="5" height="5" /></td>
         <td height="20"><a href="#">企业党建信息列表企业党建信...</a></td>
        </tr>
        <tr>
         <td align="center"><img src="images/let.jpg" width="5" height="5" /></td>
         <td height="20"><a href="#">企业党建信息列表企业党建信...</a></td>
        </tr>
        <tr>
         <td></td>
         <td height="5"></td>
        </tr>
       </table></td>
```

```
        </tr>
      </table></td>
    <td width="5"> </td>
    <td><table width="100%" border="0" cellspacing="0" cellpadding="0">
      <tr>
        <td><table width="255" border="0" cellpadding="0" cellspacing="0"
class="border2">
          <tr>
            <td height="25" bgcolor="#fff7d6"><span class="font_01"> <img
src="images/up.gif" width="11" height="11" /></span> 领导讲话</td>
          </tr>
          <tr>
            <td><table width="100%" border="0" cellspacing="0" cellpadding="0">
              <tr>
                <td height="5" colspan="2"></td>
              </tr>
              <tr>
                <td width="38%" rowspan="6"><table width="100%" border="0"
cellspacing="0" cellpadding="0">
                  <tr>
                    <td align="center"><table width="74" height="84" border="0"
cellpadding="0" cellspacing="0" class="ima_border">
                      <tr>
                        <td><a href="#"><img src="images/3.jpg" width="70" height="80"
border="0" /></a></td>
                      </tr>
                    </table></td>
                  </tr>
                  <tr>
                    <td height="25" align="center"><a href="#">信息标题</a></td>
                  </tr>
                </table></td>
                <td width="62%" height="20"><a href="#">领导讲话信息标题列表...</
a></td>
              </tr>
              <tr>
                <td height="20"><a href="#">领导讲话信息标题列表...</a></td>
              </tr>
              <tr>
                <td height="20"><a href="#">领导讲话信息标题列表...</a></td>
              </tr>
              <tr>
                <td height="20"><a href="#">领导讲话信息标题列表...</a></td>
              </tr>
              <tr>
```

```
          <td height="20"><a href="#">领导讲话信息标题列表...</a></td>
        </tr>
        <tr>
          <td height="20"><a href="#">领导讲话信息标题列表...</a></td>
        </tr>
        <tr>
          <td height="5" colspan="2"></td>
        </tr>
      </table></td>
    </tr>
  </table></td>
      <td><table width="255" border="0" align="right" cellpadding="0" cellspacing="0"
class="border2">
        <tr>
          <td height="25" bgcolor="#fff7d6"><span class="font_01"> <img
src="images/up.gif" width="11" height="11" /></span> 管理动态</td>
        </tr>
        <tr>
          <td><table width="100%" border="0" cellspacing="0" cellpadding="0">
            <tr>
              <td height="5" colspan="2"></td>
            </tr>
            <tr>
              <td width="38%" rowspan="6"><table width="100%" border="0" cellspacing="0"
cellpadding="0">
                <tr>
                  <td align="center"><table width="74" height="84" border="0" cellpadding="0"
cellspacing="0" class="ima_border">
                    <tr>
                      <td><a href="#"><img src="images/baiming1.jpg" width="70"
height="80" border="0" /></a></td>
                    </tr>
                  </table></td>
                </tr>
                <tr>
                  <td height="25" align="center"><a href="#">信息标题</a></td>
                </tr>
              </table></td>
              <td width="62%" height="20"><a href="#">管理动态信息标题列表...</a></td>
            </tr>
            <tr>
              <td height="20"><a href="#">管理动态信息标题列表...</a></td>
            </tr>
            <tr>
              <td height="20"><a href="#">管理动态信息标题列表...</a></td>
```

```
          </tr>
          <tr>
            <td height="20"><a href="#">管理动态信息标题列表...</a></td>
          </tr>
          <tr>
            <td height="20"><a href="#">管理动态信息标题列表...</a></td>
          </tr>
          <tr>
            <td height="20"><a href="#">管理动态信息标题列表...</a></td>
          </tr>
          <tr>
            <td height="5" colspan="2"></td>
          </tr>
        </table></td>
      </tr>
    </table></td>
  </tr>
</table>
  <table width="100%" border="0" cellspacing="0" cellpadding="0">
    <tr>
      <td height="5"></td>
    </tr>
    <tr>
        <td height="70" align="center"><td height="110" align="center"><img
src="images/p3.jpg"/></td></td>
    </tr>
  </table></td>
  <td width="5"> </td>
  <td width="230"><table width="225" border="0" align="center" cellpadding="0"
cellspacing="0" class="border">
      <tr>
        <td width="31" align="center" background="images/menu_bg1.gif"
class="font_01"><img src="images/icon_keyword.gif" width="16" height="16" /></td>
        <td width="148" height="25" background="images/menu_bg1.gif"
class="font_01">电力服务</td>
        <td width="44" background="images/menu_bg1.gif" class="font_01"><a
href="#"><img src="images/more.gif" width="29" height="11" border="0" /></a></td>
      </tr>
      <tr>
        <td colspan="3"><table width="95%" border="0" align="center"
cellpadding="0" cellspacing="0">
          <tr>
          <td height="5"></td>
          </tr>
```

```
        <tr>
          <td height="20">[优质服务] <a href="#">优质服务标题信息列表...</a></td>
        </tr>
        <tr>
          <td height="20">[行风建设] <a href="#">行风建设标题信息列表...</a></td>
        </tr>
        <tr>
          <td height="20">[优质服务] <a href="#">优质服务标题信息列表...</a></td>
        </tr>
        <tr>
          <td height="20">[行风建设] <a href="#">行风建设标题信息列表...</a></td>
        </tr>
        <tr>
          <td height="20">[优质服务] <a href="#">优质服务标题信息列表...</a></td>
        </tr>
        <tr>
          <td height="20">[行风建设] <a href="#">行风建设标题信息列表...</a></td>
        </tr>

        <tr>
          <td height="20">[优质服务] <a href="#">优质服务标题信息列表...</a></td>
        </tr>
        <tr>
          <td height="20">[行风建设] <a href="#">行风建设标题信息列表...</a></td>
        </tr>

        <tr>
          <td height="20">[优质服务] <a href="#">优质服务标题信息列表...</a></td>
        </tr>
        <tr>
          <td height="20">[行风建设] <a href="#">行风建设标题信息列表...</a></td>
        </tr>

        <tr>
          <td height="5"></td>
        </tr>
      </table></td>
    </tr>
  </table></td>
 </tr>
</table>
```

14.3.7 中间主体第四栏

中间主体第四栏包括"二级站点链接"、"安全生产"、"商业营销"和"专题专栏"四个小模块，实现效果如图所示。

完成主体第四栏的具体代码如下。

```
<table width="1003" border="0" align="center" cellspacing="0">
  <tr>
    <td height="5"></td>
  </tr>
</table>
<table width="1003" border="0" align="center" cellspacing="0">
  <tr>
    <td width="230"><table width="225" border="0" align="center" cellpadding="0"
cellspacing="0" class="border">
      <tr>
        <td width="31" align="center" background="images/menu_bg1.gif"
class="font_01"><img src="images/icon_keyword.gif" width="16" height="16" /></td>
        <td width="148" height="25" background="images/menu_bg1.gif"
class="font_01">本局二级单位站点链接</td>
        <td width="44" background="images/menu_bg1.gif" class="font_01"><a
href="#"><img src="images/more.gif" width="29" height="11" border="0" /></a></td>
      </tr>
      <tr>
        <td colspan="3"><table width="95%" border="0" align="center"
cellpadding="0" cellspacing="0">
          <tr>
          <td></td>
          <td height="5"></td>
          </tr>
          <tr>
          <td> </td>
          <td height="20"> </td>
          </tr>
          <tr>
          <td> </td>
          <td height="20"> </td>
          </tr>
```

```
    <tr>
     <td> </td>
     <td height="20"> </td>
    </tr>
    <tr>
     <td height="20" colspan="2" align="center">显示格式</td>
     </tr>
    <tr>
     <td> </td>
     <td height="20"> </td>
    </tr>
    <tr>
     <td> </td>
     <td height="20"> </td>
    </tr>
    <tr>
     <td></td>
     <td height="5"></td>
    </tr>
   </table></td>
  </tr>
 </table></td>
 <td width="5"> </td>
 <td><table width="100%" border="0" cellspacing="0" cellpadding="0">
  <tr>
     <td><table width="255" border="0" cellpadding="0" cellspacing="0"
class="boeder4">
     <tr>
        <td height="25" bgcolor="#d4fde7"><span class="font_01"> <img
src="images/up.gif" width="11" height="11" /></span> 安全生产</td>
     </tr>
     <tr>
     <td><table width="100%" border="0" cellspacing="0" cellpadding="0">
      <tr>
      <td height="5" colspan="2"></td>
      </tr>
      <tr>
        <td width="38%" rowspan="6"><table width="100%" border="0"
cellspacing="0" cellpadding="0">
          <tr>
             <td align="center"><table width="74" height="84" border="0"
cellpadding="0" cellspacing="0" class="ima_border">
             <tr>
                <td><a href="#"><img src="images/xinshou1.jpg" width="70"
height="80" border="0" /></a></td>
```

```
                                            </tr>
                                         </table></td>
                                      </tr>
                                      <tr>
                                         <td height="25" align="center"><a href="#">信息标题</a></td>
                                      </tr>
                                   </table></td>
                                   <td width="62%" height="20"><a href="#">安全生产信息标题列表...</
a></td>
                                </tr>
                                <tr>
                                   <td height="20"><a href="#">安全生产信息标题列表...</a></td>
                                </tr>
                                <tr>
                                   <td height="20"><a href="#">安全生产信息标题列表...</a></td>
                                </tr>
                                <tr>
                                   <td height="20"><a href="#">安全生产信息标题列表...</a></td>
                                </tr>
                                <tr>
                                   <td height="20"><a href="#">安全生产信息标题列表...</a></td>
                                </tr>
                                <tr>
                                   <td height="20"><a href="#">安全生产信息标题列表...</a></td>
                                </tr>
                                <tr>
                                   <td height="5" colspan="2"></td>
                                </tr>
                             </table></td>
                          </tr>
                       </table></td>
                       <td><table width="255" border="0" align="right" cellpadding="0"
cellspacing="0" class="boeder4">
                          <tr>
                             <td height="25" bgcolor="#d4fde7"><span class="font_01"> <img
src="images/up.gif" width="11" height="11" /></span> 商业营销</td>
                          </tr>
                          <tr>
                             <td><table width="100%" border="0" cellspacing="0" cellpadding="0">
                                <tr>
                                   <td height="5" colspan="2"></td>
                                </tr>
                                <tr>
                                      <td width="38%" rowspan="6"><table width="100%" border="0"
cellspacing="0" cellpadding="0">
```

```
                      <tr>
                             <td align="center"><table width="74" height="84" border="0"
cellpadding="0" cellspacing="0" class="ima_border">
                                   <tr>
                                          <td><a href="#"><img src="images/1.jpg" width="70"
height="80" border="0" /></a></td>
                                   </tr>
                             </table></td>
                      </tr>
                      <tr>
                      <td height="25" align="center"><a href="#">信息标题</a></td>
                      </tr>
                    </table></td>
                    <td width="62%" height="20"><a href="#">商业营销信息标题列表...</
a></td>
                    </tr>
                    <tr>
                    <td height="20"><a href="#">商业营销信息标题列表...</a></td>
                    </tr>
                    <tr>
                    <td height="20"><a href="#">商业营销信息标题列表...</a></td>
                    </tr>
                    <tr>
                    <td height="20"><a href="#">商业营销信息标题列表...</a></td>
                    </tr>
                    <tr>
                    <td height="20"><a href="#">商业营销信息标题列表...</a></td>
                    </tr>
                    <tr>
                    <td height="20"><a href="#">商业营销信息标题列表...</a></td>
                    </tr>
                    <tr>
                    <td height="5" colspan="2"></td>
                    </tr>
                    </table></td>
                </tr>
              </table></td>
            </tr>
          </table></td>
          <td width="5"> </td>
          <td width="230"><table width="225" border="0" align="center" cellpadding="0"
cellspacing="0" class="border">
            <tr>
                 <td width="31" align="center" background="images/menu_bg1.gif"
class="font_01"><img src="images/icon_keyword.gif" width="16" height="16" /></td>
```

```
                    <td width="148" height="25" background="images/menu_bg1.gif" class="font_01">
专题专栏</td>
                    <td width="44" background="images/menu_bg1.gif" class="font_01"><a
href="#"><img src="images/more.gif" width="29" height="11" border="0" /></a></td>
            </tr>
            <tr>
                <td colspan="3"><table width="95%" border="0" align="center" cellpadding="0"
cellspacing="0">
            <tr>
            <td height="5"></td>
            </tr>
            <tr>
            <td height="20">[某某专题] <a href="#">专题栏目标题信息列表...</a></td>
            </tr>
            <tr>
            <td height="20">[某某专题] <a href="#">专题栏目标题信息列表...</a></td>
            </tr>
            <tr>
            <td height="20">[某某专题] <a href="#">专题栏目标题信息列表...</a></td>
            </tr>
            <tr>
            <td height="20">[某某专题] <a href="#">专题栏目标题信息列表...</a></td>
            </tr>
            <tr>
            <td height="20">[某某专题] <a href="#">专题栏目标题信息列表...</a></td>
            </tr>
            <tr>
            <td height="20">[某某专题] <a href="#">专题栏目标题信息列表...</a></td>
            </tr>
            <tr>
            <td height="5"></td>
            </tr>
        </table></td>
        </tr>
    </table></td>
    </tr>
</table>
```

14.3.8 中间主体第五栏

中间主体第五栏包括"商业系统站点链接"、"人力资源"、"法规标准"和"视频中心"四个小模块，实现效果如图所示。

完成主体第五栏的具体代码如下。

```html
<table width="1003" border="0" align="center" cellspacing="0">
  <tr>
    <td height="5"></td>
  </tr>
</table>
<table width="1003" border="0" align="center" cellspacing="0">
  <tr>
    <td width="230"><table width="225" border="0" align="center" cellpadding="0"
cellspacing="0" class="border">
      <tr>
        <td width="31" align="center" background="images/menu_bg1.gif"
class="font_01"><img src="images/icon_keyword.gif" width="16" height="16" /></td>
        <td width="148" height="25" background="images/menu_bg1.gif"
class="font_01">商业系统站点连接</td>
        <td width="44" background="images/menu_bg1.gif" class="font_01"><a
href="#"><img src="images/more.gif" width="29" height="11" border="0" /></a></td>
      </tr>
      <tr>
        <td colspan="3"><table width="95%" border="0" align="center"
cellpadding="0" cellspacing="0">
          <tr>
          <td width="50%"></td>
          <td width="50%" height="5"></td>
          </tr>
          <tr>
          <td align="center"><a href="#">相关站点连接</a></td>
          <td height="20" align="center"><a href="#">相关站点连接</a></td>
          </tr>
          <tr>
          <td align="center"><a href="#">相关站点连接</a></td>
          <td height="20" align="center"><a href="#">相关站点连接</a></td>
          </tr>
          <tr>
          <td align="center"><a href="#">相关站点连接</a></td>
          <td height="20" align="center"><a href="#">相关站点连接</a></td>
          </tr>
          <tr>
          <td align="center"><a href="#">相关站点连接</a></td>
          <td height="20" align="center"><a href="#">相关站点连接</a></td>
          </tr>
          <tr>
          <td align="center"><a href="#">相关站点连接</a></td>
          <td height="20" align="center"><a href="#">相关站点连接</a></td>
```

```
    </tr>
    <tr>
     <td align="center"><a href="#">相关站点连接</a></td>
     <td height="20" align="center"><a href="#">相关站点连接</a></td>
    </tr>
    <tr>
     <td></td>
     <td height="5"></td>
    </tr>
   </table></td>
  </tr>
 </table></td>
 <td width="5"> </td>
 <td><table width="100%" border="0" cellspacing="0" cellpadding="0">
  <tr>
   <td><table width="255" border="0" cellpadding="0" cellspacing="0" class="border">
    <tr>
     <td height="25" bgcolor="#d6e8ff"><span class="font_01"> <img src="images/
up.gif" width="11" height="11" /></span> 人力资源</td>
    </tr>
    <tr>
     <td><table width="100%" border="0" cellspacing="0" cellpadding="0">
      <tr>
       <td width="12%"></td>
       <td width="88%" height="5"></td>
      </tr>
      <tr>
       <td align="center"><img src="images/i30.gif" width="7" height="10" /></td>
       <td height="20"><a href="#">人力资源信息列表人力资源信息列表...</a></td>
      </tr>
      <tr>
       <td align="center"><img src="images/i30.gif" width="7" height="10" /></td>
       <td height="20"><a href="#">人力资源信息列表人力资源信息列表...</a></td>
      </tr>
      <tr>
       <td align="center"><img src="images/i30.gif" width="7" height="10" /></td>
       <td height="20"><a href="#">人力资源信息列表人力资源信息列表...</a></td>
      </tr>
      <tr>
       <td align="center"><img src="images/i30.gif" width="7" height="10" /></td>
       <td height="20"><a href="#">人力资源信息列表人力资源信息列表...</a></td>
      </tr>
      <tr>
       <td align="center"><img src="images/i30.gif" width="7" height="10" /></td>
```

```
    <td height="20"><a href="#">人力资源信息列表人力资源信息列表...</a></td>
   </tr>
   <tr>
    <td align="center"><img src="images/i30.gif" width="7" height="10" /></td>
    <td height="20"><a href="#">人力资源信息列表人力资源信息列表...</a></td>
   </tr>
   <tr>
    <td></td>
    <td height="5"></td>
   </tr>
   </table></td>
  </tr>
 </table></td>
  <td><table width="255" border="0" align="right" cellpadding="0" cellspacing="0"
class="border">
   <tr>
    <td height="25" bgcolor="#d6e8ff"><span class="font_01"> <img
src="images/up.gif" width="11" height="11" /></span> 法规标准</td>
   </tr>
   <tr>
    <td><table width="100%" border="0" cellspacing="0" cellpadding="0">
     <tr>
      <td width="12%"></td>
      <td width="88%" height="5"></td>
     </tr>
     <tr>
      <td align="center"><img src="images/i30.gif" width="7" height="10" /></td>
      <td height="20"><a href="#">法规标准信息列表法规标准信息列表...</a></td>
     </tr>
     <tr>
      <td align="center"><img src="images/i30.gif" width="7" height="10" /></td>
      <td height="20"><a href="#">法规标准信息列表法规标准信息列表...</a></td>
     </tr>
     <tr>
      <td align="center"><img src="images/i30.gif" width="7" height="10" /></td>
      <td height="20"><a href="#">法规标准信息列表法规标准信息列表...</a></td>
     </tr>
     <tr>
      <td align="center"><img src="images/i30.gif" width="7" height="10" /></td>
      <td height="20"><a href="#">法规标准信息列表法规标准信息列表...</a></td>
     </tr>
     <tr>
      <td align="center"><img src="images/i30.gif" width="7" height="10" /></td>
      <td height="20"><a href="#">法规标准信息列表法规标准信息列表...</a></td>
     </tr>
```

```
            <tr>
                <td align="center"><img src="images/i30.gif" width="7" height="10" /></td>
                    <td height="20"><a href="#">法规标准信息列表法规标准信息列表...</a></td>
            </tr>
            <tr>
                <td></td>
                <td height="5"></td>
            </tr>
        </table></td>
        </tr>
    </table></td>
    </tr>
</table></td>
<td width="5"> </td>
<td width="230"><table width="225" border="0" align="center" cellpadding="0" cellspacing="0" class="border">
    <tr>
    <td width="31" align="center" background="images/menu_bgl.gif" class="font_01"><img src="images/icon_keyword.gif" width="16" height="16" /></td>
        <td width="148" height="25" background="images/menu_bgl.gif" class="font_01">视频中心</td>
        <td width="44" background="images/menu_bgl.gif" class="font_01"><a href="#"><img src="images/more.gif" width="29" height="11" border="0" /></a></td>
    </tr>
    <tr>
        <td colspan="3"><table width="100%" border="0" cellspacing="0" cellpadding="0">
        <tr>
        <td height="5"></td>
        </tr>
        <tr>
        <td height="20"> </td>
        </tr>
        <tr>
        <td height="20"> </td>
        </tr>
        <tr>
        <td height="20" align="center">显示格式</td>
        </tr>
        <tr>
        <td height="20"> </td>
        </tr>
        <tr>
```

```
        <td height="20"> </td>
      </tr>
      <tr>
        <td height="20"> </td>
      </tr>
      <tr>
        <td height="5"></td>
      </tr>
    </table></td>
  </tr>
</table></td>
  </tr>
</table>
```

14.3.9 网页底部

在网页底部一般会有备案信息和一些快捷链接，实现效果如图所示。

关于我们 ｜ 联系我们 ｜ 网站声明 ｜ 招聘信息 ｜ 网站地图 ｜ 友情连接

copyright © 2006 - 2008 vvv.com

实现网页底部的具体代码如下。

```
<table width="1003" border="0" align="center" cellspacing="0">
  <tr>
    <td height="5"></td>
  </tr>
</table>
<table width="1003" border="0" align="center" cellspacing="0" class="border3">
  <tr>
    <td height="25" align="center">关于我们|联系我们|网站声明|招聘信息|网
站地图|友情连接</td>
  </tr>
</table>
<table width="1003" border="0" align="center" cellpadding="0" cellspacing="0">
  <tr>
    <td width="423" align="center">copyright &copy; 2006 - 2008 <a
href=""><strong>vvv.com</strong></a><br />
  </tr>
</table>
```

举一反三

本章介绍了企业类网页的设计，在设计时网站首页堆积了很多内容，这样可能会导致视觉疲劳，或者给人以杂乱的感觉。所以在设计时可以考虑制作一个简单的企业欢迎首页，使页面简洁，且紧密结合企业产品、品牌、文化、形象特征。然后将本实例中的所有模块内容制作成链接的方式链接到独立的子页面查看。

可模仿苹果官方网站页面模式。首页没有过多内容，通过下方四个模块链接可进一步打开子页面以访问具体内容。

 # 高手私房菜

技巧1：定义块的高度时，如果高度小于10px，仍显示10px，怎么解决

在浏览器中，如果块元素最小高度为10px，当高度定义小于10px时，仍为10px。其解决方法是为此块元素添加样式overflow:hidden语句，或者让此块元素的字体大小等于此块元素的高度。

技巧2：在浏览器中，列表选项li为浮动时，则列表后面的元素不能换行，怎么解决

可为这个ul无序列表定义合适的高度，或者给包含这个ul无序列表的父元素div层定义合适的高度。

第 15 章
制作电子商务类网页

 本章视频教学时间：56 分钟

电子商务网站是当前比较流行的一类网站。随着网络购物、互联网交易的普及，如淘宝、阿里巴巴、亚马逊等类型的电子商务网站在近几年风靡全球。因此，越来越多的公司企业着手架设电子商务网站平台。本章就来介绍一个简单的电子商务类网页。

【学习目标】

通过本章的学习，熟悉电子商务类网页的制作方法。

【本章涉及知识点】

熟悉电子商务类网页的整体布局

熟悉电子商务类网页的模块组成

掌握电子商务类网页的制作步骤

15.1 整体布局

本节视频教学时间：6分钟

电子商务类网页主要实现网络购物、交易，所要体现的组件相对较多，主要包括产品搜索、账户登录、广告推广、产品推荐、产品分类等内容。本实例最终的网页效果如图所示。

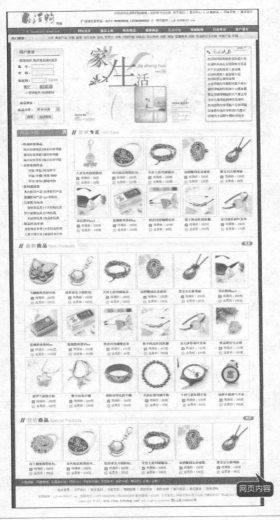

15.1.1 设计分析

电子商务类网站主要是提供购物交易的，所以要体现出以下特性。

(1) 商品检索方便：要有商品搜索功能，有详细的商品分类。

(2) 有产品推广功能：增加广告活动位，促进特色产品的推广。

(3) 热门产品推荐：消费者的搜索很多带有盲目性，所以可以设置热门产品推荐位。

(4) 对于产品要有简单准确的展示信息。

(5) 页面整体布局要清晰有条理，让浏览者知道在网页中如何快速找到自己需要的信息。

15.1.2　排版架构

　　本实例的电子商务网站整体上还是上中下的架构，上部为网页头部、导航栏、热门搜索栏，中间为网页主要内容，下部为网站介绍及备案信息。

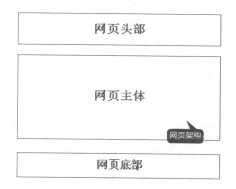

　　本实例中网页中间主体部分的结构并不是常规的左中右结构，而是上中下结构，且都有更细的划分。本实例中网页中间主体的架构如图所示。

15.2　模块组成

本节视频教学时间：3分钟

　　实例中整体虽然是上中下结构，但是每一部分都有更细致的划分。

　　上部主要包括网页头部、导航栏、热门搜索等内容。

　　中间主体主要包括登录注册模块、商品检索模块、广告活动推广模块、常见问题解答模块、商品分类模块、热销专区模块、特价商品模块。

　　下部主要包括友情链接模块、快速访问模块、网站注册备案信息模块。

　　网页中各个模块的划分主要依靠<table>标签实现。

15.3 制作步骤

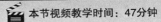 本节视频教学时间：47分钟

网站制作要逐步完成。本实例中网页制作主要包括9个部分，详细制作方法介绍如下。

15.3.1 样式表

为了更好地实现网页效果，需要为网页制作CSS样式表。制作样式表的实现代码如下。

```
TD {
        LINE-HEIGHT: 150%; COLOR: #353535; FONT-SIZE: 9pt
}
BODY {
        PADDING-BOTTOM: 0px; LINE-HEIGHT: 150%; MARGIN: 0px;
PADDING-LEFT: 0px; PADDING-RIGHT: 0px; BACKGROUND: url(../eshop_
img/bground.jpg) #000 no-repeat right top; COLOR: #666666; FONT-SIZE: 9pt;
PADDING-TOP: 0px
}
UL {
        PADDING-BOTTOM: 0px; LIST-STYLE-TYPE: none; MARGIN: 0px;
PADDING-LEFT: 0px; PADDING-RIGHT: 0px; PADDING-TOP: 0px
}
A {
        COLOR: #333333; TEXT-DECORATION: none
}
A:hover {
        COLOR: #ffcc00; TEXT-DECORATION: underline
}
.list_link {
        COLOR: #8d1c1c; FONT-SIZE: 12px; FONT-WEIGHT: bold; TEXT-
DECORATION: none
}
.wenbenkuang {
        BORDER-BOTTOM: #999999 1px solid; BORDER-LEFT: #999999 1px
solid; FONT-FAMILY: "?? ì ?"; COLOR: #333333; FONT-SIZE: 9pt; BORDER-TOP:
#999999 1px solid; BORDER-RIGHT: #999999 1px solid
}
.wbkuang {
        BORDER-BOTTOM: #14b24b 1px solid; BORDER-LEFT: #14b24b 1px
solid; FONT-FAMILY: "?? ì ?"; COLOR: #333333; FONT-SIZE: 9pt; BORDER-TOP:
#14b24b 1px solid; BORDER-RIGHT: #14b24b 1px solid
}
......
......
......
```

```
.help1 {
        LINE-HEIGHT: 30px; COLOR: #333333; FONT-SIZE: 14px
}
.lxwmmm {
        LINE-HEIGHT: 15px; FONT-FAMILY: Arial, Helvetica, sans-serif;
LETTER-SPACING:
1px; COLOR: #888888; FONT-SIZE: 14pt; FONT-WEIGHT: bolder
}
A.linkqq {
        LINE-HEIGHT: 15px; FONT-FAMILY: Arial, Helvetica, sans-serif;
LETTER-SPACING: 1px; COLOR: #888888; FONT-SIZE: 14pt; FONT-WEIGHT:
bolder; TEXT-DECORATION: none
}
A.linkqq:hover {
        LINE-HEIGHT: 15px; FONT-FAMILY: Arial, Helvetica, sans-serif;
LETTER-SPACING: 1px; COLOR: #ff6600; FONT-SIZE: 14pt; FONT-WEIGHT:
bolder
}
```

小提示

本实例中的样式表比较多，这里只展示一部分，随书光盘中有文字的代码文件。

制作完成之后将样式表保存到网站根目录下，文件名为css1.css。

制作好的样式表需要应用到网站中，所以在网站主页中要建立到CSS的链接代码。链接代码需要添加在<head>标签中，具体如下。

```
<!doctype html>
<html><head><title>生活购网上购物</title>
<link rel=stylesheet type=text/css href="css1.css">
<meta content="text/html; charset=gb2312" http-equiv=content-type></td>
<script language="javascript" type="text/javascript" src="http://js.i8844.cn/js/user.js">
</script>
</head>
```

15.3.2 网页头部

网页头部主要是企业logo和一些快速链接，如关于我们、报价中心、订单查询等。除此之外，还有导航菜单栏和热门搜索推荐。

本实例中网页头部的效果如图所示。

网页头部

实现网页头部的详细代码如下所示。

```html
<table border=0 cellspacing=0 cellpadding=0 width=1000 bgcolor=#ffffff
align=center>
 <tbody>
 <tr>
  <td>
   <table border=0 cellspacing=0 cellpadding=0 width="100%">
    <tbody>
    <tr>
     <td rowspan=2 width="29%">
      <table border=0 cellspacing=0 cellpadding=0 width="83%">
       <tbody>
       <tr>
        <td width=10></td>
        <td align=middle><a href="http://127.0.0.1/"><img border=0
          src="images/logo.jpg">商城</a></td></tr></tbody></table></td>
     <td width="71%">
      <table border=0 cellspacing=0 cellpadding=0 width="100%">
       <tbody>
       <tr>
        <td width="48%">
         <marquee width="100%"
         scrollamount=3>
         欢迎访问生活购网络商城，您的参与会让我们更加努力的完善服务！
         </marquee></td>
        <td width="9%">
         <div align=right><a
         href="http://127.0.0.1:8080/help.asp?action=about">关于我们</a>|
         </div></td>
        <td width="9%">
         <div align=right><a
         href="http://127.0.0.1:8080/price.asp">报价中心</a> | </div></td>
        <td width="9%">
         <div align=right><a
         href="http://127.0.0.1:8080/dingdan.asp">订单查询</a> |</div></td>
        <td width="9%">
         <div align=right><a
         href="http://127.0.0.1:8080/shopsort.asp">网站导航</a> |</div></td>
        <td width="9%">
         <div align=right><font color=#ffffff><a style="color: red"
         name=stranlink>繁体显示</a>   </font></div></td>
         <td width="1%"></td></tr></tbody></table>
       <table border=0 cellspacing=0 cellpadding=0 width="100%"
        height=30><tbody>
        <tr>
```

```
                    <td valign=bottom>
                      <div align=left><img border=0
                    src="images/ppc.gif" width=17
                          height=17>商城客服电话：<strong>0371-88888888,13588888888</
strong></a>
                      <img src="images/2.gif" width=15 height=11>
                    电子邮件：zjb-4109@163.com</div>
                      <table border=0 cellspacing=0 cellpadding=0 width=700
                    align=center>
                        <tbody></tbody></table></td></tr></tbody></table></td></tr></tbody></
table></td></tr>
  <tr>
    <td height=32 valign=bottom
      background=images/topbg.gif><table border=0
      cellspacing=0 cellpadding=0 width="100%">
        <tbody>
        <tr>
          <td width="28%" align=middle><font color=#ffffff>
            <script>
today=new date();
var day; var date; var hello; var wel;
hour=new date().gethours()
if(hour < 6)hello='凌晨好'
else if(hour < 9)hello='早上好'
else if(hour < 12)hello='上午好'
else if(hour < 14)hello='中午好'
else if(hour < 17)hello='下午好'
else if(hour < 19)hello='傍晚好'
else if(hour < 22)hello='晚上好'
else {hello='夜里好'}
if(today.getday()==0)day='星期日'
else if(today.getday()==1)day='星期一'
else if(today.getday()==2)day='星期二'
else if(today.getday()==3)day='星期三'
else if(today.getday()==4)day='星期四'
else if(today.getday()==5)day='星期五'
else if(today.getday()==6)day='星期六'
date=(today.getyear())+'年'+(today.getmonth() + 1 )+'月'+today.getdate()+'日';
document.write(hello);
    </script>
        ！
          <script>
document.write(date + ' ' + day + ' ');
    </script>
          </font></td>
```

```
        <td width="72%">
          <table border=0 cellspacing=0 cellpadding=0 width="100%">
           <tbody>
           <tr>
            <td><a href="http://127.0.0.1:8080/index.asp"><font
             color=#ffffff><strong>网站首页</strong></a></font></td>
            <td><a href="http://127.0.0.1:8080/class.asp?lx=news"><font
             color=#ffffff><strong>新品上架</strong></a></font></td>
            <td><a href="http://127.0.0.1:8080/class.asp?lx=tejia"><font
             color=#ffffff><strong>特价商品</strong></a></font></td>
            <td><strong><a
             href="http://127.0.0.1:8080/class.asp?lx=hot"><font
             color=#ffffff>推荐商品</a></strong></font></td>
            <td><strong><a href="http://127.0.0.1:8080/user.asp"><font
             color=#ffffff>会员中心</a></strong></font></td>
            <td><strong><a href="http://127.0.0.1:8080/trend.asp"><font
             color=#ffffff>商城新闻</a></strong></font></td>
            <td><strong><a href="http://127.0.0.1:8080/inform.asp"><font
             color=#ffffff>行业资讯</a></strong></font></td>
            <td><strong><a
             href="http://127.0.0.1:8080/viewreturn.asp"><font
             color=#ffffff>客户留言</a></strong></font></td>
                <td></td></tr></tbody></table></td></tr></tbody></table></td></tr></
tbody></table>
<table border=0 cellspacing=0 cellpadding=0 width=1000 align=center height=32>
 <tbody>
 <tr>
  <td bgcolor=#ffffff background=images/menu.gif
    width=78><div class=style8 align=right><b>热门搜索：</b></div></td>
  <td bgcolor=#ffffff background=images/menu.gif width=912
   align=middle><a
    href="http://127.0.0.1:8080/research.asp?searchkey=天然&amp;anclassid=0">天然</
a>
   <a
    href="http://127.0.0.1:8080/research.asp?searchkey=瘦身产品&amp;anclassid=0">瘦
身产品</a>
   <a
    href="http://127.0.0.1:8080/research.asp?searchkey=手链&amp;anclassid=0">手链</
a>
   <a
    href="http://127.0.0.1:8080/research.asp?searchkey=唇膏&amp;anclassid=0">唇膏</
a>
   <a
    href="http://127.0.0.1:8080/research.asp?searchkey=荷叶发夹&amp;anclassid=0">荷
叶发夹</a>
```

```
    <a
href="http://127.0.0.1:8080/research.asp?searchkey=挂包&amp;anclassid=0">挂包</a>
    <a
href="http://127.0.0.1:8080/research.asp?searchkey=紫罗兰&amp;anclassid=0">紫罗兰</a>
    <a
href="http://127.0.0.1:8080/research.asp?searchkey=手表&amp;anclassid=0">手表</a>
    <a
href="http://127.0.0.1:8080/research.asp?searchkey=玛瑙手链&amp;anclassid=0">玛瑙手链</a>
    <a
href="http://127.0.0.1:8080/research.asp?searchkey=钥匙扣&amp;anclassid=0">钥匙扣</a>
    <a
href="http://127.0.0.1:8080/research.asp?searchkey=昂达数码&amp;anclassid=0">昂达数码</a>
    <a
href="http://127.0.0.1:8080/research.asp?searchkey=减肥&amp;anclassid=0">减肥</a>
    <a
href="http://127.0.0.1:8080/research.asp?searchkey=戒指&amp;anclassid=0">戒指</a>
    <a
href="http://127.0.0.1:8080/research.asp?searchkey=蓝魔精典&amp;anclassid=0">蓝魔精典</a>
    <a
    href="http://127.0.0.1:8080/research.asp?searchkey=钥匙&amp;anclassid=0">钥匙</a>
    <a
    href="http://127.0.0.1:8080/research.asp?searchkey=紫晶镂空毛衣链&amp;anclassid=0">紫晶镂
空毛衣链</a>
    <a
href="http://127.0.0.1:8080/research.asp?searchkey=丰胸产品&amp;anclassid=0">丰胸产品</a>
    <a
href="http://127.0.0.1:8080/research.asp?searchkey=手机&amp;anclassid=0">手机</a>
</td></tr></tbody></table><strong>
<script language=javascript
src="images/wq_stranjf.js"></script>
</strong>
```

15.3.3 主体第一通栏

网页中间主体的第一通栏主要包括用户登录模块、商品搜索模块、广告推广模块和常见问题模块。其具体效果如图所示。

实现以上页面功能的具体代码如下。

```
<table border=0 cellspacing=0 cellpadding=0 width=200
background=images/loginbg.gif align=center
 height=208><tbody></tbody>
<form id=userlogin method=post name=userlogin action=checkuserlogin.asp>
<tbody>
<tr>
  <td class=unnamed2 height=37 colspan=2>
   <div align=center></div></td></tr>
<tr align=middle>
  <td height=24 colspan=2>顾客您好,购买商品请先登录</td></tr>
<tr>
  <td class=text height=26 width="35%">
   <div align=right>账    号：</div></td>
  <td width="65%">
   <div align=left><input id=username2 class=form2 maxlength=18 size=12
   name=username> </div></td></tr>
<tr>
  <td class=text height=26>
   <div align=right>密    码：</div></td>
  <td>
   <div align=left><input id=userpassword2 class=form2 maxlength=18
   size=12 type=password name=userpassword> <input class=wenbenkuang
   type=hidden name=linkaddress2> <br></div></td></tr>
<tr>
  <td class=text height=36>
   <div align=right>验证码：</div></td>
  <td>
   <div align=left><input class=form2 maxlength=4 size=6
   name=verifycode> <img
   src="images/getcode.bmp"></div></td></tr>
<tr>
  <td height=17 colspan=2>
   <div align=center><input onfocus=this.blur() border=0
   src="images/login.jpg" width=52 height=16
   type=image name=imagefield> <a
   href="http://127.0.0.1:8080/register.asp"><img border=0 hspace=5
   src="images/reg.gif" width=52
  height=16></a></div></td></tr>
<tr>
  <td colspan=2>
   <div align=center><img hspace=5
   src="images/dot03.gif" width=9 height=9><a
```

```
                    onclick="javascript:window.open('getpwd.asp','shouchang',width=450,heig
ht=300');"
                    href="http://127.0.0.1:8080/#">密码丢失/找回密码</a></div></td></tr></form></
tbody></table>
        <table border=0 cellspacing=0 cellpadding=0 width=200>
         <tbody>
         <tr>
         <td height=8></td></tr></tbody></table>
        <table border=0 cellspacing=0 cellpadding=0 width=200
        background=images/searchbg.gif height=110>
         <tbody>
         <tr>
         <td>
         <table border=0 cellspacing=1 cellpadding=1 width="93%"
     align=center>
          <form method=post name=form2 action=research.asp>
          <tbody>
          <tr>
           <td height=25 align=middle><span class=text2>商品搜索：</span>
            <input class=wenbenkuang size=12 name=searchkey ;> </td></tr>
          <tr>
           <td height=25 align=middle><span class=text2>商品分类：</span>
            <select name=anclassid> <option selected
             value=0>所有分类</option> <option value=62>时尚珍珠饰.</option>
             <option value=63>女性装饰用.</option> <option
             value=65>数码播放器</option> <option value=66>儿童娱乐玩.</option>
             <option value=71>精品时尚手.</option></select> </td></tr>
          <tr>
           <td height=35 align=middle><input class=wenbenkuang value=搜索 type=submit
name=submit>
     <input class=wenbenkuang onClick="window.location='search.asp'" value=高级搜索
type=button name=submit3>
           </a></td></tr></form></tbody></table></td></tr></tbody></table></td>
     <td width=15></td>
     <td width=547>
      <div class=banner_mainm>
      <table border=0 cellspacing=0 cellpadding=0 width=547 height=320>
       <tbody>
       <tr>
       <td valign=bottom align=middle>
        <table border=0 cellspacing=0 cellpadding=0 width=547 height=320>
         <tbody>
         <tr>
          <td height=320 width=540 align=middle>
```

```
            <div id="scroll_div" class="scroll_div">
    <div id="scroll_begin">
    <ul>

<li><a href="index.html"><img src="images/3.jpg" border="0" /></a></li>
    </ul>
    </div></div>
    <script type="text/javascript">scrollimgleft();</script>
            </td></tr></tbody></table></td></tr></tbody></table></div></td>
    <td width=15></td>
    <td width=164>
      <table border=0 cellspacing=0 cellpadding=0 width=160 height=230>
        <tbody>
        <tr>
         <td>
           <table border=0 cellspacing=0 cellpadding=0 width=189>
             <tbody>
             <tr>
              <td><img border=0 src="images/newtop.gif"
               width=189 height=40 usemap=#map></td></tr>
             <tr>
              <td background=images/newbg.gif>
              <table border=0 cellspacing=0 cellpadding=0 width="98%"
              align=center height=22>
                <tbody>
                       <tr>
                  <td valign=center width="5%">
                   <div align=center></div></td>
                  <td height=18 valign=center width="90%"><span
                   class=noti_text><a
                href="http://127.0.0.1:8080/trends.asp?id=67">生活购网络购物系统功能介绍</a>
                   </span></td></tr>
                  <tr>
                  <td valign=center width="5%">
                   <div align=center></div></td>
                  <td height=18 valign=center width="90%"><span
                   class=noti_text><a
                href="http://127.0.0.1:8080/trends.asp?id=73">生活购系统后台试用账号信息</a>
                   </span></td></tr>
                  <tr>
                  <td valign=center width="5%">
                   <div align=center></div></td>
                  <td height=18 valign=center width="90%"><span
                   class=noti_text><a
                   href="http://127.0.0.1:8080/trends.asp?id=66">关于生活购商家入驻流程</a>
```

```
      </span></td></tr>
    <tr>
      <td valign=center width="5%">
        <div align=center></div></td>
      <td height=18 valign=center width="90%">生活购商家入驻套餐介绍</td></tr>
    <tr>
      <td valign=center width="5%">
        <div align=center></div></td>
      <td height=18 valign=center width="90%">生活购安全使用说明</td></tr>
    <tr>
      <td valign=center width="5%">
        <div align=center></div></td>
      <td height=18 valign=center width="90%"><span
        class=noti_text><a
href="http://127.0.0.1:8080/trends.asp?id=91">女性项链如何搭配衣服？有什</a>
        </span></td></tr>
    <tr>
      <td valign=center width="5%">
        <div align=center></div></td>
      <td height=18 valign=center width="90%"><span
        class=noti_text><a
href="http://127.0.0.1:8080/trends.asp?id=90">情侣项链如何挑选？12星座戴</a>
        </span></td></tr>
    <tr>
      <td valign=center width="5%">
        <div align=center></div></td>
      <td height=18 valign=center width="90%"><span
        class=noti_text><a
href="http://127.0.0.1:8080/trends.asp?id=89">黄金项链有哪些款式？黄金项</a>
        </span></td></tr>
    <tr>
      <td valign=center width="5%">
        <div align=center></div></td>
      <td height=18 valign=center width="90%"><span
        class=noti_text><a
href="http://127.0.0.1:8080/trends.asp?id=88">浅谈水晶项链的种类及保养</a>
        </span></td></tr>
    <tr>
      <td valign=center width="5%">
        <div align=center></div></td>
      <td height=18 valign=center width="90%"><span
        class=noti_text><a
href="http://127.0.0.1:8080/trends.asp?id=87">如何选购珍珠项链？珍珠项链</a>
        </span></td></tr>
    <tr>
```

```
        <td valign=center width="5%">
          <div align=center></div></td>
        <td height=18 valign=center width="90%"><span
          class=noti_text><a
href="http://127.0.0.1:8080/trends.asp?id=86">试看教你选好珍珠的5大建议</a>
          </span></td></tr>
      <tr>
        <td valign=center width="5%">
          <div align=center></div></td>
        <td height=18 valign=center width="90%"><span
          class=noti_text><a
href="http://127.0.0.1:8080/trends.asp?id=85">追溯历史回顾中国珍珠简史</a>
          </span></td></tr></tbody></table></td></tr>
    <tr>
      <td><img src="images/newbot.gif" width=189
        height=14></td></tr></tbody></table><map id=map name=map><area
href="http://127.0.0.1:8080/trend.asp" shape=rect
coords=40,10,138,34><area href="http://127.0.0.1:8080/trend.asp"
shape=rect coords=144,6,181,23></map></td></tr></tbody></table></td>
<td width=22> </td></tr></tbody></table>
```

15.3.4 主体第二通栏

网页中间主体的第二通栏主要包括商品分类模块、热销专区模块。其具体效果如图所示。

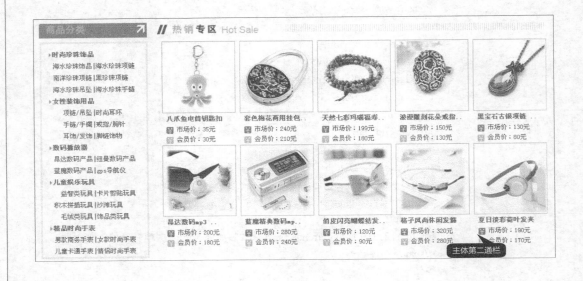

实现以上页面功能的具体代码如下。

```
<table border=0 cellspacing=0 cellpadding=0 width=980 bgcolor=#ffffff
align=center height=51>
 <tbody>
 <tr>
  <td width=238><img src="images/shopclass.gif" width=238
   height=51></td>
  <td width=742><img border=0 src="images/hotblock.gif"
   width=742 height=51 usemap=#mapmap></td></tr></tbody></table>
<table border=0 cellspacing=0 cellpadding=0 width=980 bgcolor=#ffffff
align=center>
 <tbody>
 <tr>
 <td width=22></td>
 <td valign=top width=200>
  <table border=0 cellspacing=0 cellpadding=0 width=200 align=center
  height=410>
   <tbody>
   <tr>
    <td class=box3 valign=top>
    <table style="padding-top: 10px" border=0 cellspacing=0
    cellpadding=0 width="99%" align=center>
     <tbody>
     <tr>
      <td align=middle>
       <table border=0 cellspacing=0 cellpadding=0 width="100%">
        <tbody>
        <tr>
        <td>
         <div align=center></div>
         <table border=0 cellspacing=0 cellpadding=0
width="100%">
          <tbody>
          <tr>
           <td style="padding-left: 10px" height=22 colspan=3
           align=left><img
            src="images/orange-bullet.gif"
            width=9 height=7><a class=titlelink
                        href="http://127.0.0.1:8080/class.
asp?lx=big&amp;anid=62"><b>时尚珍珠饰品</b></a></td></tr>
           <tr>
           <td height=20 width="48%" align=right><a
            class=textlink
             href="http://127.0.0.1:8080/class.asp?lx=small&amp;anid=62&a
mp;nid=639">海水珍珠饰品</a></td>
```

```
                              <td width="4%" align=middle><font
                               color=#ff6600><b>|</b></font></td>
                              <td height=22 width="48%" align=left><a
                               class=textlink

        href="http://127.0.0.1:8080/class.asp?lx=small&amp;anid=62&amp;nid=602">海
水珍珠项链</a></td></tr>
                              <tr>
                              <td height=20 width="48%" align=right><a
                               class=textlink
                                href="http://127.0.0.1:8080/class.asp?lx=small&amp;anid=62&a
mp;nid=603">南洋珍珠项链</a></td>
                              <td width="4%" align=middle><font
                               color=#ff6600><b>|</b></font></td>
                              <td height=22 width="48%" align=left><a
                               class=textlink

        href="http://127.0.0.1:8080/class.asp?lx=small&amp;anid=62&amp;nid=604">黑
珍珠项链</a></td></tr>
                              <tr>
                              <td height=20 width="48%" align=right><a
                               class=textlink
                                href="http://127.0.0.1:8080/class.asp?lx=small&amp;anid=62&a
mp;nid=605">海水珍珠吊坠</a></td>
                              <td width="4%" align=middle><font
                                color=#ff6600><b>|</b></font></td>
                              <td height=22 width="48%" align=left><a
                               class=textlink
                                href="http://127.0.0.1:8080/class.asp?lx=small&amp;anid=62&a
mp;nid=606">海水珍珠手链</a></td></tr></tbody></table>
                              <div></div>
                              <table border=0 cellspacing=0 cellpadding=0
        width="100%">
                                <tbody>
                                <tr>
                                <td style="padding-left: 10px" height=22 colspan=3
                                align=left><img
                                 src="images/orange-bullet.gif"
                                 width=9 height=7><a class=titlelink
                                             href="http://127.0.0.1:8080/class.
asp?lx=big&amp;anid=63"><b>女性装饰用品</b></a></td></tr>
                                <tr>
                                <td height=20 width="48%" align=right><a
                                 class=textlink
                                  href="http://127.0.0.1:8080/class.asp?lx=small&amp;anid=63&a
mp;nid=608">项链/吊坠</a></td>
```

```
<td width="4%" align=middle><font
 color=#ff6600><b>|</b></font></td>
<td height=22 width="48%" align=left><a
 class=textlink
 href="http://127.0.0.1:8080/class.asp?lx=small&amp;anid=63&a
mp;nid=638">时尚耳环</a></td></tr>
<tr>
<td height=20 width="48%" align=right><a
 class=textlink

 href="http://127.0.0.1:8080/class.asp?lx=small&amp;anid=63&amp;nid=609">手
链/手镯</a></td>
<td width="4%" align=middle><font
 color=#ff6600><b>|</b></font></td>
<td height=22 width="48%" align=left><a
 class=textlink
 href="http://127.0.0.1:8080/class.asp?lx=small&amp;anid=63&a
mp;nid=610">戒指/胸针</a></td></tr>
<tr>
<td height=20 width="48%" align=right><a
 class=textlink
 href="http://127.0.0.1:8080/class.asp?lx=small&amp;anid=63&a
mp;nid=
611">耳饰/发饰</a></td>
<td width="4%" align=middle><font
 color=#ff6600><b>|</b></font></td>
<td height=22 width="48%" align=left><a
 class=textlink
 href="http://127.0.0.1:8080/class.asp?lx=small&amp;anid=63&a
mp;nid=612">脚链饰物</a></td></tr></tbody></table>
<div></div>
<table border=0 cellspacing=0 cellpadding=0
 width="100%">
<tbody>
<tr>
<td style="padding-left: 10px" height=22 colspan=3
 align=left><img
 src="images/orange-bullet.gif"
 width=9 height=7><a class=titlelink
                  href="http://127.0.0.1:8080/class.
asp?lx=big&amp;anid=65"><b>数码播放器</b></a></td></tr>
<tr>
<td height=20 width="48%" align=right><a
 class=textlink
 href="http://127.0.0.1:8080/class.asp?lx=small&amp;anid=65&a
mp;nid=619">昂达数码产品</a></td>
```

```
                                    <td width="4%" align=middle><font
                          color=#ff6600><b>|</b></font></td>
                                    <td height=22 width="48%" align=left><a
                          class=textlink
                             href="http://127.0.0.1:8080/class.asp?lx=small&amp;anid=65&a
mp;nid=620">纽曼数码产品</a></td></tr>
                                <tr>
                                    <td height=20 width="48%" align=right><a
                          class=textlink
                             href="http://127.0.0.1:8080/class.asp?lx=small&amp;anid=65&a
mp;nid=641">蓝魔数码产品</a></td>
                                    <td width="4%" align=middle><font
                          color=#ff6600><b>|</b></font></td>
                                    <td height=22 width="48%" align=left><a
                          class=textlink
                             href="http://127.0.0.1:8080/class.asp?lx=small&amp;anid=65&a
mp;nid=655">gps导航仪</a></td></tr></tbody></table>
                                <div></div>
                                <table border=0 cellspacing=0 cellpadding=0
      width="100%">
                                <tbody>
                                <tr>
                                    <td style="padding-left: 10px" height=22 colspan=3
                          align=left><img
                            src="images/orange-bullet.gif"
                            width=9 height=7><a class=titlelink
                                        href="http://127.0.0.1:8080/class.
asp?lx=big&amp;anid=66"><b>儿童娱乐玩具</b></a></td></tr>
                                <tr>
                                    <td height=20 width="48%" align=right><a
                          class=textlink
      href="http://127.0.0.1:8080/class.asp?lx=small&amp;anid=66&amp;nid=629">益
智类玩具</a></td>
                                    <td width="4%" align=middle><font
                          color=#ff6600><b>|</b></font></td>
                                    <td height=22 width="48%" align=left><a
                          class=textlink
                             href="http://127.0.0.1:8080/class.asp?lx=small&amp;anid=66&a
mp;nid=632">卡片剪贴玩具</a></td></tr>
                                <tr>
                                    <td height=20 width="48%" align=right><a
                          class=textlink

      href="http://127.0.0.1:8080/class.asp?lx=small&amp;anid=66&amp;nid=658">积
木拼插玩具</a></td>
                                    <td width="4%" align=middle><font
```

color=#ff6600>|</font></td>
         <td height=22 width="48%" align=left><a
    class=textlink
     href="http://127.0.0.1:8080/class.asp?lx=small&anid=66&a
mp;nid=659">沙滩玩具</a></td></tr>
         <tr>
       <td height=20 width="48%" align=right><a
    class=textlink
  href="http://127.0.0.1:8080/class.asp?lx=small&anid=66&nid=660">
毛绒类玩具</a></td>
        <td width="4%" align=middle><font
    color=#ff6600>|</font></td>
       <td height=22 width="48%" align=left><a
       class=textlink
     href="http://127.0.0.1:8080/class.asp?lx=small&anid=66&a
mp;nid=661">饰品类玩具</a></td></tr></tbody></table>

      <table border=0 cellspacing=0 cellpadding=0
   width="100%">
     <tbody>
     <tr>
     <td style="padding−left: 10px" height=22 colspan=3
    align=left><img
    src="images/orange−bullet.gif"
    width=9 height=7><a class=titlelink
        h r e f = " h t t p : / / 1 2 7 . 0 . 0 . 1 : 8 0 8 0 / c l a s s .
asp?lx=big&anid=71">精品时尚手表</a></td></tr>
        <tr>
      <td height=20 width="48%" align=right><a
    class=textlink

   href="http://127.0.0.1:8080/class.asp?lx=small&anid=71&nid=643">男
款商务手表</a></td>
       <td width="4%" align=middle><font
    color=#ff6600>|</font></td>
      <td height=22 width="48%" align=left><a
    class=textlink
     href="http://127.0.0.1:8080/class.asp?lx=small&anid=71&a
mp;nid=644">女款时尚手表</a></td></tr>
        <tr>
      <td height=20 width="48%" align=right><a
    class=textlink
     href="http://127.0.0.1:8080/class.asp?lx=small&anid=71&a
mp;nid=645">儿童卡通手表</a></td>
       <td width="4%" align=middle><font

```
                                      color=#ff6600><b>|</b></font></td>
                               <td height=22 width="48%" align=left><a
                                   class=textlink
                                        href="http://127.0.0.1:8080/class.asp?lx=small&amp;anid=71
&amp;nid=646">情侣时尚手表</a></td></tr></tbody></table></td></tr></tbody></
table></td></tr></tbody></table></td></tr></tbody></table></td>
        <td width=20></td>
        <td valign=top>
         <style type=text/css>body {
        margin: 0px
        }
        </style>
           <table border=0 cellspacing=0 cellpadding=0 width=453 align=center>
            <tbody>
            <tr>
             <td height=110 valign=top>
              <table cellspacing=0 cellpadding=0 width=144 align=center>
               <tbody>
               <tr>
                <td valign=center align=middle>
                 <table onMouseOver="this.style.backgroundcolor='#a10000'"
                 onmouseout="this.style.backgroundcolor="" border=0
                 cellspacing=1 cellpadding=2 width=98 bgcolor=#bbbbbb
                 align=center height=100>
                   <tbody>
                   <tr>
                    <td bgcolor=#ffffff height=100 width=92 align=middle><a
                      href="http://127.0.0.1:8080/products.asp?id=460"
                      target=_blank><img border=0 align=absmiddle
                      src="images/201181716312258612.jpg"
                      width=130 height=130></a> </td></tr></tbody></table></td></tr>
                <tr>
                 <td valign=center align=middle>
                  <table cellspacing=0 cellpadding=0 width=120 align=center>
                   <tbody>
                   <tr>
                    <td height=18><a class=titlelink
                       href="http://127.0.0.1:8080/products.asp?id=460">八爪鱼电筒钥匙
扣</a></td></tr>
                    <tr>
                     <td height=18><img align=absmiddle
                       src="images/rmblodo1.gif">
                    市场价：35元</td></tr>
                     <tr>
                      <td height=20><img align=absmiddle
                        src="images/rmblodo.gif"> 会员价：<font
```

```
                                    color=#ff0000>30</font>元 </td></tr>
                        <tr>
                          <td height=1
                              background=images/127_0_0_1.htm></td></tr></tbody></table></
td></tr></tbody></table></td>
                    <td height=110 valign=top>
                      <table cellspacing=0 cellpadding=0 width=144 align=center>
                        <tbody>
                        <tr>
                          <td valign=center align=middle>
                            <table onMouseOver="this.style.backgroundcolor='#a10000'"
                            onmouseout="this.style.backgroundcolor="" border=0
                            cellspacing=1 cellpadding=2 width=98 bgcolor=#bbbbbb
                            align=center height=100>
                              <tbody>
                              <tr>
                                <td bgcolor=#ffffff height=100 width=92 align=middle><a
                                href="http://127.0.0.1:8080/products.asp?id=459"
                                target=_blank><img border=0 align=absmiddle
                                src="images/20118171627988351.jpg"
                                width=130 height=130></a> </td></tr></tbody></table></td></tr>
                        <tr>
                          <td valign=center align=middle>
                            <table cellspacing=0 cellpadding=0 width=120 align=center>
                            <tbody>
                            <tr>
                              <td height=18><a class=titlelink
                                href="http://127.0.0.1:8080/products.asp?id=459">套色梅花两用挂
包..</a></td></tr>
                            <tr>
                              <td height=18><img align=absmiddle
                                src="images/rmblodo1.gif">
                            市场价：240元</td></tr>
                            <tr>
                              <td height=20><img align=absmiddle
                                src="images/rmblodo.gif"> 会员价：<font
                                color=#ff0000>210</font>元 </td></tr>
                            <tr>
                              <td height=1

    background=images/127_0_0_1.htm></td></tr></tbody></table></td></tr></
tbody></table></td>
      ……
      ……
      ……
      ……
```

```
                ......
                ......
                        <tr>
                        <td valign=center align=middle>
                        <table cellspacing=0 cellpadding=0 width=120 align=center>
                        <tbody>
                        <tr>
                          <td height=18><a class=titlelink
                            href="http://127.0.0.1:8080/products.asp?id=449">夏日淡彩荷叶发
        夹</a></
            td></tr>
                          <tr>
                          <td height=18><img align=absmiddle
                            src="images/rmblodo1.gif">
                        市场价：190元</td></tr>
                          <tr>
                          <td height=20><img align=absmiddle
                            src="images/rmblodo.gif"> 会员价： <font
                            color=#ff0000>170</font>元 </td></tr>
                          <tr>
                          <td height=1
                            background=images/127_0_0_1.htm></td></tr></tbody></table></
        td></tr></tbody></table></td></tr></tbody></table></td>
                <td width=15></td></tr></tbody></table>
```

从上述代码中可以看出，使用table标签构成架构会显得烦琐。所以本实例中省略了重复代码格式的热销商品信息，在随书光盘中有完整的代码文件。

15.3.5 主体第三通栏

网页主体的第三通栏主要是特价商品展示区，只展示一排特价商品，实现效果如图所示。

实现以上页面功能的具体代码如下。

```
<table border=0 cellspacing=0 cellpadding=0 width=980 bgcolor=#ffffff
align=center height=25>
  <tbody>
  <tr>
  <td width=24><img border=0 src="images/tjshop.gif"
```

```
                    width=980 height=53 usemap=#map3></td></tr></tbody></table>
<table border=0 cellspacing=0 cellpadding=0 width=980 bgcolor=#ffffff
align=center height=126>
 <tbody>
 <tr>
  <td>
   <table style="clear: both" class=pro_list border=0 cellspacing=0
   cellpadding=0 width="95%" align=center>
    <tbody>
    <tr>
     <td valign=top>
      <table border=0 cellspacing=0 cellpadding=0 width=518
       align=center><tbody>
       <tr>
        <td height=110 valign=top>
         <table cellspacing=0 cellpadding=0 width=150 align=center
         height=90>
          <tbody>
          <tr>
           <td valign=center align=middle>
            <table
            onmouseover="this.style.backgroundcolor='#a10000'"
            onmouseout="this.style.backgroundcolor="" border=0
            cellspacing=1 cellpadding=2 width=98 bgcolor=#bbbbbb
            align=center height=100>
             <tbody>
             <tr>
              <td bgcolor=#ffffff height=100 width=92
               align=middle><a
               href="http://127.0.0.1:8080/products.asp?id=461"
               target=_blank><img border=0 align=absmiddle
               src="images/20118171635250270.jpg"
               width=130 height=130></a>
         </td></tr></tbody></table></td></tr>
        <tr>
         <td valign=center align=middle>
          <table cellspacing=0 cellpadding=0 width=120
          align=center height=60>
           <tbody>
           <tr>
            <td><a class=titlelink

              href="http://127.0.0.1:8080/products.asp?id=461">吊兰圆形两用
挂包..</a>

             <br></td></tr>
            <tr>
```

```
                                    <td><img align=absmiddle
                                      src="images/rmblodo1.gif">
                                      市场价：390元</td></tr>
                                   <tr>
                                    <td><img align=absmiddle
                                      src="images/rmblodo.gif">
                                      会员价： <font color=#ff0000>350</font>元 </td></tr>
                                   <tr>
                                    <td height=1 background=images/127_0_0_1.htm></td>
               </tr>
               </tbody></table></td></tr></tbody></table></td>

               ……
               ……
               ……
               ……

                       <td height=110 valign=top>
                        <table cellspacing=0 cellpadding=0 width=150 align=center
                        height=90>
                          <tbody>
                          <tr>
                           <td valign=center align=middle>
                             <table
                             onmouseover="this.style.backgroundcolor='#a10000'"
                             onmouseout="this.style.backgroundcolor="" border=0
                             cellspacing=1 cellpadding=2 width=98 bgcolor=#bbbbbb
                             align=center height=100>
                              <tbody>
                              <tr>
                               <td bgcolor=#ffffff height=100 width=92
                                 align=middle><a
                                 href="http://127.0.0.1:8080/products.asp?id=455"
                                 target=_blank><img border=0 align=absmiddle
                                 src="images/201181715561143435.jpg"
                                 width=130 height=130></a>
               </td></tr></tbody></table></td></tr>
                          <tr>
                           <td valign=center align=middle>
                             <table cellspacing=0 cellpadding=0 width=120
                             align=center height=60>
                              <tbody>
                              <tr>
                               <td><a class=titlelink
                                 href="http://127.0.0.1:8080/products.asp?id=455">黑宝石古银项链
                                 ..</a> <br></td></tr>
```

```
                                    <tr>
                                     <td><img align=absmiddle
                                     src="images/rmblodo1.gif">
                                     市场价：130元</td></tr>
                                    <tr>
                                     <td><img align=absmiddle
                                     src="images/rmblodo.gif">
                                     会员价：<font color=#ff0000>80</font>元 </td></tr>
                                    <tr>
                                     <td height=1 background=images/127_0_0_1.htm></td>
                            </tr>
                            </tbody>
                            </table>
                            </td>
                    </tr></tbody></table></td></tr></tbody></table></td></tr></tbody></table></td></
tr></tbody></table>
```

这个特价商品模块的内容基本相似，所以以上代码只列出了一部分，在随书光盘中有完整代码文件。

15.3.6 网页底部

网页底部主要包括友情链接模块、快速访问模块、网站注册备案信息模块等内容。其相对比较简单，实现效果如图所示。

实现以上页面功能的具体代码如下。

```
                    <table border=0 cellspacing=0 cellpadding=0 width=980 align=center>
                    <tbody>
                    <tr>
                     <td bgcolor=#ffffff height=10></td></tr>
                    <tr>
                     <td>
                      <table border=0 cellspacing=0 cellpadding=0 width=980
                      background=images/footbg1.gif align=center>
                       <tbody>
                       <tr>
                        <td height=30>    <font
                        color=#eae9e9>友情链接:</font> <a href="http://www.cnhww.com/"
                        target=_blank><font color=#eae9e9>网趣商城</font></a> <a
                        href="http://www.chinaz.com/" target=_blank><font
                        color=#eae9e9>中国站长站|</font></a> <a href="http://www.163.com/"
                        target=_blank><font color=#eae9e9>网易163|</font></a> <a
                        href="http://www.onlinedown.net/" target=_blank><font
                        color=#eae9e9>华军软件园|</font></a> <a href="http://www.skycn.com/"
```

```
                    target=_blank><font color=#eae9e9>天空软件|</font></a> <a
                    href="http://www.microsoft.com/zh/cn" target=_blank><font
                    color=#eae9e9>微软中国|</font></a> <a href="http://www.qq.com/"
                    target=_blank><font color=#eae9e9>腾讯网|</font></a> <a
                    href="http://www.baidu.com/" target=_blank><font
                    color=#eae9e9>百度|</font></a> <a href="http://www.google.com/"
                    target=_blank><font color=#eae9e9>谷歌|</font></a>
        </td></tr></tbody></table>
            <div class=footer>
            <div class=footer_line><a href="http://127.0.0.1:8080/index.asp">站点首页</a>
            | <a href="http://127.0.0.1:8080/help.asp?action=about">关于我们</a> | <a
            href="http://127.0.0.1:8080/help.asp?action=lxwm">联系我们</a> | <a
            href="http://127.0.0.1:8080/help.asp?action=fukuan">付款方式</a> | <a
            href="http://127.0.0.1:8080/help.asp?action=gouwuliucheng">购物流程</a> | <a
            href="http://127.0.0.1:8080/help.asp?action=baomi">保密安全</a> | <a
            href="http://127.0.0.1:8080/help.asp?action=shiyongfalv">版权声明</a> | <a
            href="http://127.0.0.1:8080/viewreturn.asp">客户留言</a> | <a
            href="http://127.0.0.1:8080/help.asp?action=shouhoufuwu">售后服务</a> | <a
            href="http://127.0.0.1:8080/help.asp?action=feiyong">送货须知</a></div>
                <div class=copyright>客服邮箱：zjb-4109@163.com    客服电话：0371-
88888888,135888888888
            邮政编码：450001 公司地址：河南省郑州市文化路大铺路时代广场a座1602室<br>
            copyright &copy; 2012 <a
            href="http://www.cnhww.com/" target=_blank>http://www.lifeshop.com/</a> all
            rights reserved <a class=textlink3 href="http://www.miibeian.gov.cn/"
            target=_blank>豫icp备11008888号 </a><br></div></div>
            <script>
    var online= new array();
    if (!document.layers)
    document.write('<div id="divstaytopright" style="position:absolute">')
    </script><script type=text/javascript>
    //enter "frombottom" or "fromtop"
    var verticalpos="frombottom"
    if (!document.layers)
    document.write('</div>')
    function jsfx_floattopdiv()
    {
        var startx =2,
        starty = 460;
        var ns = (navigator.appname.indexof("netscape") != -1);
        var d = document;
        function ml(id)
        {
                var el=d.getelementbyid?d.getelementbyid(id):d.all?d.all[id]:d.layers[id];
                if(d.layers)el.style=el;
                el.sp=function(x,y){this.style.right=x;this.style.top=y;};
```

```
                            el.x = startx;
                            if (verticalpos=="fromtop")
                            el.y = starty;
                            else{
                            el.y = ns ? pageyoffset + innerheight : document.body.scrolltop + document.body.
clientheight;
                            el.y −= starty;
                            }
                            return el;
                }
            window.staytopright=function()
            {
                            if (verticalpos=="fromtop"){
                            var py = ns ? pageyoffset : document.body.scrolltop;
                            ftlobj.y += (py + starty − ftlobj.y)/8;
                            }
                            else{
                            var py = ns ? pageyoffset + innerheight : document.body.scrolltop + document.
body.clientheight;
                            ftlobj.y += (py − starty − ftlobj.y)/8;
                            }
                            ftlobj.sp(ftlobj.x, ftlobj.y);
                            settimeout("staytopright()", 10);
            }
        ftlobj = ml("divstaytopright");
        staytopright();
        }
    jsfx_floattopdiv();
    </script>
        </td></tr></tbody></table>
        <td height="20"> </td>
            </tr>
            <tr>
                <td height="20"> </td>
            </tr>
            <tr>
                <td height="20" align="center">显示格式</td>
            </tr>
            <tr>
                <td height="20"> </td>
            </tr>
            <tr>
                    <td height="20"> </td>
            </tr>
            <tr>
                <td height="20"> </td>
```

```
              </tr>
              <tr>
                <td height="5"></td>
              </tr>
            </table></td>
          </tr>
        </table></td>
      </tr>
    </table>
```

举一反三

本章介绍了电子商务网站的建设，目前大多数电子商务网站的功能都相似，但是所体现的风格却差异很大。这就要依靠网站整体的风格进行设计。在设计时应当为客户的方便、安全多考虑，这一点可以参考目前比较大的几个电子商务网站，如淘宝网、当当网、京东网等。通过对各类电子商务平台的了解和熟悉，完成下图所示电子商务网站的制作。

高手私房菜

技巧1：在Firefox浏览器中，多层嵌套时内层设置了浮动，外层设置背景时背景不显示

这主要是内层设置浮动后，外层高度在Firefox下变为0，所以应该在外层与内层间再嵌一层，设置浮动和宽度，然后再给这个层设置背景。

技巧2：在IE浏览器中，如何解决双边距问题

浮动元素的外边距会加倍，但与第一个浮动元素相邻的其他浮动元素外边距不会加倍。其解决方法是：在此浮动元素增加样式display:inline。

技巧3：元素定义外边距时，应注意哪些问题

在对元素使用绝对定位时，如果需要定义元素外边距，在IE中外边距不会视为元素的一部分，因此在对此元素使用绝对定位时外边距无效。但在firefox中，外边距会视为元素的一部分，因此在对此元素使用绝对定位时外边距有效（例如margin_top会和top相加）。

第16章

制作团购类网页

 本章视频教学时间：32 分钟

团购这一名词是最近几年才出现的，而且迅速火爆。有关团购的商业类网站也如雨后春笋般遍地开花，比较有名的有聚划算、窝窝团、拉手网、美团网等。本章就来制作一个典型的商业类团购网站。

【学习目标】

通过本章的学习，熟悉团购商业类网页的制作方法。

【本章涉及知识点】

熟悉团购商业类网页的整体布局

熟悉团购商业类网页的模块组成

掌握团购商业类网页的制作步骤

16.1 整体布局

团购网根据薄利多销、量大价优的原理，将大量的散户聚集起来共同购买一件或多件商品。对于商家来说，可以很快地处理大批量的商品，可以低价销售，以量牟利；而对于购买者来说，可以以远远低于市场单品的价格购得满意的商品，有的甚至低于批发价格。因此，极大地促进了市场的交易能力。

本实例就来制作一个典型的团购类网页，效果如图所示。

16.1.1 设计分析

团购网站已经成为一个典型。在设计这类网站时，应当体现出以下几点。

(1) 涉及面广：团购网站本身的面向对象没有特殊限制，任何具有一定消费群体的商品都可以出现在团购网站上。所以一个团购网站本身就应该涉及生活的方方面面，以方便浏览者访问所需要的类别。

(2) 考虑区域性：很多和生活较贴近的团购内容（如饮食），有明显的地区性限制，一般只能让当地人去团购，所以团购中应该有区域选择的模块。

(3) 最新商品展示：团购网站贴近生活，每天都可能有新的商家发布团购信息，而这些信息往往都是浏览者比较关注的内容。所以要在页面的主体位置使用大块区域显示最新的团购信息，并有详细的图文信息。

(4) 数量登记：团购网站之所以能够成为团，并非随便几个人购买就可以的，人数太少对商家来说低价有损失。因此团购商品一般都有人数限制，达到指定人数后才可成团。所以商品要有参团人数登记功能，并且将参团信息展示给新的浏览者。

(5) 友情帮助：团购网站不是简单的浏览型网站，而是具有网络电子商务功能的网站，所有的浏览者都需要按照电子商务平台的流程和规范进行操作。因此，对于一些常规的操作事项要提供帮助链接。

(6) 格调温馨：团购网站面向的对象是普通大众，要提供的应该是可靠值得信赖的优质团购信息和服务，所以团购网站的风格要温馨、体贴。

每一家团购网站都有自己的特色。以上分析内容只是一般团购网站应当具备的基本功能，具体的个性化设计需要各自团购公司的创意。而本实例就依照上述的基本功能来制作一个简单的团购商业类网页。

16.1.2 排版架构

本实例网站采用的是典型的上中下结构，中间又可以分为左右结构。整体的排版架构如图所示。

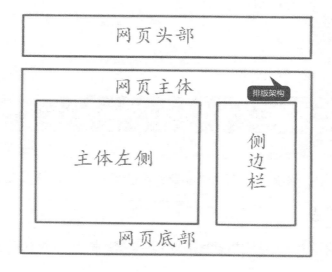

16.2 模块组成

 本节视频教学时间：3分钟

网站制作要逐步完成。本实例中网页制作主要包括9个部分，详细制作方法介绍如下。

网页属于电子商务类网站，所要实现的功能较多，模块组成相对也较多。依照网页的上中下结构，模块组成如下所示。

1. 网页头部

网页头部包括网页logo模块、信息搜索模块、导航菜单栏模块。

2. 网页主体

网页主体内容较多，主要包括团购分类及区域选择模块、最新团购商品展示模块、热门分类模块、热销商品排行模块、热门城市索引模块。

3. 网页底部

网页底部主要是客户服务和快捷链接模块，用于解决各种客户服务问题。

主要使用DIV来实现各个模块的分割，其结构代码如下。

```
<DIV id=headMin> </DIV>
//网页头部
<DIV id=headNav> </DIV>
//导航菜单栏
<DIV class="dhnav_box dhnav_box_index clearfix "> </DIV>
//网页主体——团购分类及区域选择
<DIV class=con_boxIndex> </DIV>
//网页主体——最新团购商品展示及右侧边栏
<DIV class=hot_city> </DIV>
//热门城市链接
<DIV id=footer> </DIV>
//网页底部
```

16.3 制作步骤

 本节视频教学时间：23分钟

网站制作要逐步完成。本实例中网页制作主要包括8个部分，详细制作方法介绍如下。

16.3.1 样式表

为了更好地实现网页效果，需要为网页制作CSS样式表。制作样式表的实现代码如下。

```
HTML {
    FONT-FAMILY: Tahoma, Verdana, Arial, sans-serif, "宋体"; BACKGROUND:
#f3eded; COLOR: #000
}
BODY {
    BACKGROUND: #f3eded
}
BODY {
    PADDING-BOTTOM: 0px; MARGIN: 0px; PADDING-LEFT: 0px;
PADDING-RIGHT: 0px; PADDING-TOP: 0px
}
DIV {
    PADDING-BOTTOM: 0px; MARGIN: 0px; PADDING-LEFT: 0px;
PADDING-RIGHT: 0px; PADDING-TOP: 0px
}
DL {
    PADDING-BOTTOM: 0px; MARGIN: 0px; PADDING-LEFT: 0px;
PADDING-RIGHT: 0px; PADDING-TOP: 0px
}
DT {
    PADDING-BOTTOM: 0px; MARGIN: 0px; PADDING-LEFT: 0px;
PADDING-RIGHT: 0px; PADDING-TOP: 0px
}
DD {
    PADDING-BOTTOM: 0px; MARGIN: 0px; PADDING-LEFT: 0px;
PADDING-RIGHT: 0px; PADDING-TOP: 0px
}
UL {
    PADDING-BOTTOM: 0px; MARGIN: 0px; PADDING-LEFT: 0px;
PADDING-RIGHT: 0px; PADDING-TOP: 0px
}
OL {
    PADDING-BOTTOM: 0px; MARGIN: 0px; PADDING-LEFT: 0px;
PADDING-RIGHT: 0px; PADDING-TOP: 0px
}
LI {
    PADDING-BOTTOM: 0px; MARGIN: 0px; PADDING-LEFT: 0px;
PADDING-RIGHT: 0px; PADDING-TOP: 0px
}
H1 {
    PADDING-BOTTOM: 0px; MARGIN: 0px; PADDING-LEFT: 0px;
PADDING-RIGHT: 0px; PADDING-TOP: 0px
}
```

```
    H2 {
        PADDING-BOTTOM: 0px; MARGIN: 0px; PADDING-LEFT: 0px;
PADDING-RIGHT: 0px; PADDING-TOP: 0px
    }
    H3 {
        PADDING-BOTTOM: 0px; MARGIN: 0px; PADDING-LEFT: 0px;
PADDING-RIGHT: 0px; PADDING-TOP: 0px
    }
    H4 {
        PADDING-BOTTOM: 0px; MARGIN: 0px; PADDING-LEFT: 0px;
PADDING-RIGHT: 0px; PADDING-TOP: 0px
    }
    H5 {
        PADDING-BOTTOM: 0px; MARGIN: 0px; PADDING-LEFT: 0px;
PADDING-RIGHT: 0px; PADDING-TOP: 0px
    }
    H6 {
        PADDING-BOTTOM: 0px; MARGIN: 0px; PADDING-LEFT: 0px;
PADDING-RIGHT:
    0px; PADDING-TOP: 0px
    }
    PRE {
        PADDING-BOTTOM: 0px; MARGIN: 0px; PADDING-LEFT: 0px;
PADDING-RIGHT: 0px; PADDING-TOP: 0px
    }
    CODE {
        PADDING-BOTTOM: 0px; MARGIN: 0px; PADDING-LEFT: 0px;
PADDING-RIGHT: 0px; PADDING-TOP: 0px
    }
    FORM {
        PADDING-BOTTOM: 0px; MARGIN: 0px; PADDING-LEFT: 0px;
PADDING-RIGHT: 0px; PADDING-TOP: 0px
    }
    FIELDSET {
        PADDING-BOTTOM: 0px; MARGIN: 0px; PADDING-LEFT: 0px;
PADDING-RIGHT: 0px; PADDING-TOP: 0px
    }
    ......
    ......
    #sp_nav_list .fenlei UL LI.on A {
        BACKGROUND: #ec9d04; COLOR: #ffffff; FONT-WEIGHT: bold
    }
    #sp_nav_list .fenlei UL LI.on A EM {
```

```
        COLOR: #ffffff; FONT-WEIGHT: bold
    }
    #sp_nav_list .fenlei .sec_ul {
        BORDER-BOTTOM: #eeeeee 1px solid; BORDER-LEFT: #eeeeee 1px solid;
PADDING-BOTTOM: 0px; MARGIN: 0px 0px 10px 44px; PADDING-LEFT: 0px;
WIDTH: 880px; PADDING-RIGHT: 0px; BACKGROUND: #f8f8f8; BORDER-TOP:
#eeeeee 1px solid; BORDER-RIGHT: #eeeeee 1px solid; PADDING-TOP: 5px
    }
    #sp_nav_list .fenlei .sec_ul LI {
        PADDING-BOTTOM: 5px
    }
    #msglogin {
        DISPLAY: none
    }
```

 小提示

本实例中的样式表比较多，这里只展示一部分，随书光盘中有文字的代码文件。

制作完成之后将样式表保存到网站根目录下的css文件夹下，文件名为css1.css。

制作好的样式表需要应用到网站中，所以在网站主页中要建立到CSS的链接代码。链接代码需要添加在\<head\>标签中，具体如下。

```
<!DOCTYPE HTML>
<HTML>
<HEAD>
<TITLE>阿里团</TITLE>
<META name=Keywords content="阿里团">
<LINK rel=stylesheet type=text/css href="css/css.css">
<SCRIPT type=text/javascript src="js/user.js"></SCRIPT>
</HEAD>
```

16.3.2 网页头部

网页头部包括网页logo模块、信息搜索模块、导航菜单栏模块。

本实例中网页头部的效果如图所示。

实现网页头部的详细代码如下所示。

```
<UL>
<LI class=seach>
<DIV class=soso>
<FORM id=soso_form method=post action=/g/search><INPUT id=queryString
 value=搜商品、找商家、逛商圈 type=text name=queryString> <A id=soso_
submit class=btu href="javascript:;">搜索</A> </FORM>
<A href="#">帮助</A> </DIV></LI>
<LI><A href="#"><img src="images/logo.gif"></A></LI>
<LI class=title>
<H1>精挑细选</H1></LI>
<LI class=city>
<H2 id=cityname>郑州</H2><SPAN>【<A href="#" data-prarm="city_list">切
换城市</A>】</SPAN>    <DIV id=show_city class=bubble><B class=ico>ico</B>
<B id=ipClose class=cloce>ico</B> 您是不是在<EM id=ipcityname></EM>？ 点
击可选择其他城市 </DIV></LI></UL></DIV>
<!--头部导航-->
<DIV id=headNav>
<UL id=nav>
<LI class=phone date-nav="pinpaihui"><A href="#" data-prarm="click_mobile_
Nav"><B>ico</B><SPAN>手机版</SPAN>手机版</A></LI>
<LI date-nav="shangcheng"><A href="#" data-prarm="click_
channel10"><B>ico</B>阿里商城</A> </LI>
<LI date-nav="index"><A href="#" data-prarm="click_ channel1"><B>ico</B>
团购精选</A> </LI>
<LI date-nav="meishi"><A href="#" data-prarm="click_ channel2"><B>ico</B>
美食</A> </LI>
<LI date-nav="yule"><A href="#" data-prarm="click_ channel3"><B>ico</B>娱
乐</A> </LI>
<LI date-nav="dianying"><A href="#" data-prarm="click_ channel4"><B>ico</
B>电影</A> </LI>
<LI date-nav="meirongbaojian"><A href="#" data-prarm="click_
channel5"><B>ico</B>美容保健</A> </LI>
<LI date-nav="shenghuofuwu"><A href="#" data-prarm="click_
channel6"><B>ico</B>生活服务</A> </LI>
<LI date-nav="lvyou"><A href="#" data-prarm="click_ channel7"><B>ico</B>
旅行</A> </LI>
<LI date-nav="jiudian"><A href="#" data-prarm="click_ channel8"><B>ico</B>
酒店</A> </LI>
<LI date-nav="shangpin"><A href="#" data-prarm="click_ channel9"><B>ico</
B>网购</A> </LI>
<LI date-nav="shop"><A href="#" data-prarm="click_ channel9"><B>ico</B>
品牌汇</A><EM class=new>new</EM>
</LI></UL></DIV>
```

16.3.3 分类及区域选择

团购分类及区域选择模块在团购网站中是最普遍的，本实例中该模块的效果如图所示。

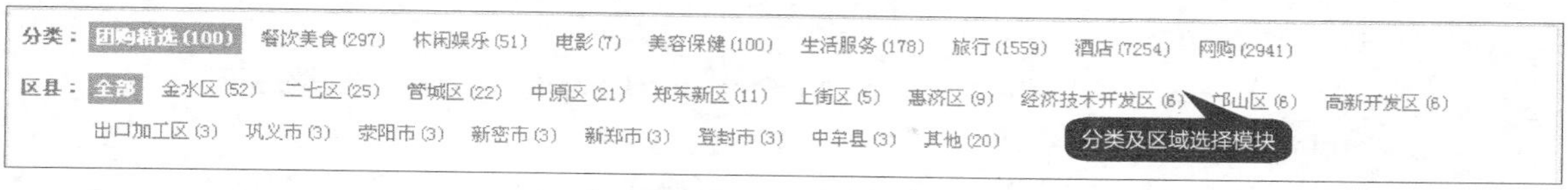

分类： 团购精选(100) 餐饮美食(297) 休闲娱乐(51) 电影(7) 美容保健(100) 生活服务(178) 旅行(1559) 酒店(7254) 网购(2941)

区县： 全部 金水区(52) 二七区(25) 管城区(22) 中原区(21) 郑东新区(11) 上街区(5) 惠济区(9) 经济技术开发区(8) 邙山区(6) 高新开发区(6) 出口加工区(3) 巩义市(3) 荥阳市(3) 新密市(3) 新郑市(3) 登封市(3) 中牟县(3) 其他(20)

分类及区域选择模块

该模块主要是文字和超链接，实现起来较简单。具体代码如下。

```html
<DIV class="dhnav_box dhnav_box_index clearfix "><!--分类更多开始-->
<DIV class="list_more_2 clearfix">
<UL class="pd_nav clearfix">
<LI class=lft>分类：</LI>
<LI class=on date="all_btm"><A class="nav_list1 clearfix" href="#" data-prarm="click_channel1_0">团购精选(100)</A> </LI>
<LI date="all_btm"><A href="#" data-prarm="click_channel1_1">餐饮美食
(<EM>297</EM>)</A> </LI>
<LI date="all_btm"><A href="#" data-prarm="click_channel1_2">休闲娱乐
(<EM>51</EM>)</A> </LI>
<LI date="all_btm"><A href="#" data-prarm="click_channel1_3">电影
(<EM>7</EM>)</A> </LI>
<LI date="all_btm"><A href="#" data-prarm="click_channel1_4">美容保健
(<EM>100</EM>)</A> </LI>
<LI date="all_btm"><A href="#" data-prarm="click_channel1_5">生活服务
(<EM>178</EM>)</A> </LI>
<LI date="all_btm"><A href="#" data-prarm="click_channel1_6">旅行
(<EM>1559</EM>)</A> </LI>
<LI date="all_btm"><A href="#" data-prarm="click_channel1_7">酒店
(<EM>7254</EM>)</A> </LI>
<LI date="all_btm"><A href="#" data-prarm="click_channel1_8">网购
(<EM>2941</EM>)</A> </LI></UL></DIV>
<!--区县更多开始-->
<DIV class="list_more_2 no_bottom clearfix">
<UL class="pd_nav clearfix">
<LI class=lft>区县：</LI>
<LI class=on><A class="nav_list1 clearfix"#" data-prarm="click_channel1_">全
部</A> </LI>
<LI><A href="#" data-prarm="click_channel1_jinshui">金水区(<EM>52</EM>)</A> </LI>
<LI><A href="#" data-prarm="click_channel1_erqi">二七区(<EM>25</EM>)</A> </LI>
```

```
        <LI><A href="#" data-prarm="click_channel1_guancheng">管城区(<EM>22</
EM>)</A> </LI>
        <LI><A href="#" data-prarm="click_channel1_zhongyuan">中原区(<EM>21</
EM>)</A> </LI>
        <LI><A href="#" data-prarm="click_channel1_zhengdongxinqu">郑东新区
(<EM>11</EM>)</A> </LI>
        <LI><A href="#" data-prarm="click_channel1_shangjie">上街区(<EM>5</
EM>)</A> </LI>
        <LI><A href="#" data-prarm="click_channel1_huiji">惠济区(<EM>9</EM>)</
A> </LI>
        <LI><A href="#" data-prarm="click_channel1_jishujingjikaifa">经济技术开发
区(<EM>6</EM>)</A> </LI>
        <LI><A href="#" data-prarm="click_channel1_mangshan">邙山区(<EM>6</
EM>)</A> </LI>
        <LI><A href="#" data-prarm="click_channel1_gaoxinkaifa">高新开发区
(<EM>6</EM>)</A> </LI>
        <LI><A href="#" data-prarm="click_channel1_chukoujiagong">出口加工区
(<EM>3</EM>)</A> </LI>
        <LI><A href="#" data-prarm="click_channel1_gongyi">巩义市(<EM>3</
EM>)</A> </LI>
        <LI><A href="#" data-prarm="click_channel1_xingyang">荥阳市(<EM>3</
EM>)</A> </LI>
        <LI><A href="#" data-prarm="click_channel1_xinmi">新密市(<EM>3</EM>)</
A> </LI>
        <LI><A href="#" data-prarm="click_channel1_xinzheng">新郑市(<EM>3</
EM>)</A> </LI>
        <LI><A href="#" data-prarm="click_channel1_dengfeng">登封市(<EM>3</
EM>)</A> </LI>
        <LI><A href="#" data-prarm="click_channel1_zhongmu">中牟县(<EM>3</
EM>)</A> </LI>
        <LI><A href="#" data-prarm="click_channel1_other">其他(<EM>20</EM>)</
A> </LI></UL></DIV></DIV>
```

16.3.4 新品展示

网页主体左侧为整个网页的主要内容，是最新团购产品的展示模块。该模块中使用大量醒目的图文展示产品信息，并且有价格和团购数量统计功能。具体效果如图所示。

上图中只列出了六项产品的信息，在运营中的团购网站首页新品展示可能多达几十甚至上百个。但是每个产品的实现代码都相似，能掌握本实例中的代码完全可以满足现实需求。

实现本节模块的具体代码如下。

```
    <UL class=goods_listInd>
    <LI class=goods_listIndLi>
    <H2><A class="spti_a yahei" title=米线王者 href="#" link=_blank data-
pram="click_channel1_all_title-0-d7fb83afb45efafb">【多店通用米线王者！仅39.9
元！享原价82元金牌米线双人套...</A>
    </H2><A class=picture href="#" link=_blank data-pram="click_channel1_all_
img-0-d7fb83afb45efafb">
    <IMG class=sp_img src="images/goods_1345621705_2674_1.jpg" width=358
height=238> </A>
    <DIV style="PADDING-BOTTOM: 0px; PADDING-LEFT: 15px; WIDTH:
268px; PADDING-RIGHT: 75px; PADDING-TOP: 0px" class="buy_boxInd clearfix">
    <A class="bh buy_a" href="#" link=_blank data-pram="click_channel1_all_
button-0-d7fb83afb45efafb">去看看</A> <SPAN class=num>  39.9</SPAN>
<EM>4.9折</EM> </DIV>
    <UL>
    <LI class="left yahei">  82</LI>
    <LI class=center data-id="d7fb83afb45efafb">0人已购买</LI>
    <LI class=right><SPAN>多区县</SPAN></LI></UL>
    <DIV class=sp_yy>ico</DIV></LI>
    <LI class=goods_listIndLi>
    <H2><A class="spti_a yahei" title=烤肉世家 href="#" link=_blank data-
pram="click_channel1_all_title-1-0d20024fa823b3a8">仅43元，享原价59元『烤肉
世家』多家店烤肉自助午晚餐通用券1人次！</A>
    </H2><A class=picture href="#" link=_blank data-pram="click_
channel1_all_img-1-0d20024fa823b3a8"><IMG class=sp_img src="images/
goods_1349943361_7356_1.jpg" width=358 height=238> </A>
    <DIV style="PADDING-BOTTOM: 0px; PADDING-LEFT: 15px; WIDTH:
268px; PADDING-RIGHT: 75px; PADDING-TOP: 0px" class="buy_boxInd clearfix">
    <A class="bh buy_a"  href="#" link=_blank data-pram="click_channel1_all_
button-1-0d20024fa823b3a8">去看看</A> <SPAN class=num>  43</SPAN>
<EM>7.3折</EM> </DIV>
    <UL>
    <LI class="left yahei">  59</LI>
    <LI class=center data-id="0d20024fa823b3a8">29人已购买</LI>
    <LI class=right><SPAN>百货世界</SPAN></LI></UL>
    <DIV class=sp_yy>ico</DIV></LI>
    <LI class=goods_listIndLi>
    <H2><A class="spti_a yahei" title=酷爽火锅！ href="#" link=_blank data-
pram="click_channel1_all_title-2-d4f6a300af785a9c">【3店通用】仅46元！享原价
72元的酷爽火锅双人套餐！</A>
    </H2><A class="li_indlogo bh" href="#" link=_blank>专卖店</A>
```

\<A class=picture href="#" link=_blank data-prarm="click_channel1_all_img-2-d4f6a300af785a9c"\>\<IMG class=sp_img src="images/goods_1349851399_5923_1.jpg" width=358 height=238\> \</A\>

\<DIV style="PADDING-BOTTOM: 0px; PADDING-LEFT: 15px; WIDTH: 268px; PADDING-RIGHT: 75px; PADDING-TOP: 0px" class="buy_boxInd clearfix"\>

\<A class="bh buy_a" href="#" link=_blank data-prarm="click_channel1_all_button-2-d4f6a300af785a9c"\>去看看\</A\> \<SPAN class=num\> 46\</SPAN\> \<EM\>6.4折\</EM\> \</DIV\>

\<UL\>

\<LI class="left yahei"\> 72\</LI\>

\<LI class=center data-id="d4f6a300af785a9c"\>1人已购买\</LI\>

\<LI class=right\>\<SPAN\>多区县\</SPAN\>\</LI\>\</UL\>

\<DIV class=sp_yy\>ico\</DIV\>\</LI\>

\<LI class=goods_listIndLi\>

\<H2\>\<A class="spti_a yahei" title=小岛咖啡 href="#" link=_blank data-prarm="click_channel1_all_title-3-561002cba5b24ac6"\>仅85元，享原价376小岛咖啡双人套餐！\</A\>

\</H2\>\<A class=picture href="#" link=_blank data-prarm="click_channel1_all_img-3-

561002cba5b24ac6"\>

\<IMG class=sp_img src="images/goods_1349926783_2203_1.jpg" width=358 height=238\> \</A\>

\<DIV style="PADDING-BOTTOM: 0px; PADDING-LEFT: 15px; WIDTH: 268px; PADDING-RIGHT: 75px; PADDING-TOP: 0px" class="buy_boxInd clearfix"\>

\<A class="bh buy_a" href="#" link=_blank data-prarm="click_channel1_all_button-3-561002cba5b24ac6"\>去看看\</A\> \<SPAN class=num\> 85\</SPAN\> \<EM\>2.3折\</EM\> \</DIV\>

\<UL\>

\<LI class="left yahei"\> 376\</LI\>

\<LI class=center data-id="561002cba5b24ac6"\>0人已购买\</LI\>

\<LI class=right\>\<SPAN\>其他\</SPAN\>\</LI\>\</UL\>

\<DIV class=sp_yy\>ico\</DIV\>\</LI\>

\<LI class=goods_listIndLi\>

\<H2\>\<A class="spti_a yahei" title=自助烤肉！ href="#" link=_blank data-prarm="click_channel1_all_title-4-6f344b02f069ebb8"\>【曼哈顿】仅29.9元，享最高原价59元『宫廷烤肉』自助午餐1人次！\</A\>

\</H2\>\<A class=picture href="#" link=_blank data-prarm="click_channel1_all_img-4-6f344b02f069ebb8"\>\<IMG class="sp_img lazyload" src="images/grey.gif" width=358 height=238 original="images/goods_1349852220_2880_1.jpg"\>

\</A\>

\<DIV style="PADDING-BOTTOM: 0px; PADDING-LEFT: 15px; WIDTH:

268px; PADDING–RIGHT: 75px; PADDING–TOP: 0px" class="buy_boxInd clearfix"><A class="bh buy_a" href="#" link=_blank data–pramr="click_channell_all_button–4–6f344b02f069ebb8">去看看</A>

    <SPAN class=num> 29.9</SPAN> <EM>5.1折</EM> </DIV>

   <UL>

     <LI class="left yahei"> 59</LI>

     <LI class=center data–id="6f344b02f069ebb8">35人已购买</LI>

     <LI class=right><SPAN>财富广场</SPAN></LI></UL>

    <DIV class=sp_yy>ico</DIV></LI>

    <LI class=goods_listIndLi>

    <H2><A class="spti_a yahei" title=魔幻影城！ href="#" link=_blank data–pramr="click_channell_all_title–5–46b628c4e80e6ea4">【财富广场】仅20.5元，享原价50元魔幻影城电影票1张！</A>

</H2><A class="li_indlogo bh tc_index" href="#" link=_blank>套餐</A>

    <A class=picture href="#" link=_blank data–pramr="click_channell_all_img–5–46b628c4e80e6ea4">

    <IMG class="sp_img lazyload" src="images/grey.gif" width=358 height=238 original="images/goods_1349853854_5414_1.jpg">

    </A>

    <DIV style="PADDING–BOTTOM: 0px; PADDING–LEFT: 15px; WIDTH: 268px; PADDING–RIGHT: 75px; PADDING–TOP: 0px" class="buy_boxInd clearfix">

    <A class="bh buy_a" href="#" link=_blank data–pramr="click_channell_all_button–5–46b628c4e80e6ea4">去看看</A><SPAN class=num> 20.5</SPAN> <EM>4.1折</EM>

    </DIV>

   <UL>

     <LI class="left yahei"> 50</LI>

     <LI class=center data–id="46b628c4e80e6ea4">124人已购买</LI>

     <LI class=right><SPAN>其他</SPAN></LI></UL>

    <DIV class=sp_yy>ico</DIV></LI>

   </UL>

小提示

以上代码共展示了6种商品的信息。

16.3.5 侧边栏

网页主体右侧为侧边栏，主要包括热门分类模块、热销商品排行模块和热门频道模块。具体效果如图所示。

中间侧边栏

以上模块的实现代码如下所示。

1. 侧边栏框架代码

```
<DIV class=con_boxrig>
```

2. 热门分类代码

```
<DIV id=all_seerig>
<H2 class=yahei>热门分类</H2>
<UL class=clearfix>
 <LI><A href="#"
 data-prarm="click_channel1R_dianying">电影</A> </LI>
 <LI><A href="#"
 data-prarm="click_channel1R_17-0-0-0-0-1">自助餐</A> </LI>
 <LI><A href="#"
 data-prarm="click_channel1R_40-0-0-0-0-1">足疗按摩</A> </LI>
 <LI><A href="#"
 data-prarm="click_channel1R_57-0-0-0-0-1">食品保健</A> </LI>
 <LI><A href="#"
 data-prarm="click_channel1R_33-0-0-0-0-1">美发</A> </LI>
 <LI><A href="#"
 data-prarm="click_channel1R_44-0-0-0-0-1">汽车服务</A> </LI>
```

```
<LI><A href="#"
data-prarm="click_channel1R_25-0-0-0-0-1">运动健身</A> </LI>
<LI><A href="#"
data-prarm="click_channel1R_27-0-0-0-0-1">游乐游艺</A> </LI>
<LI><A href="#"
data-prarm="click_channel1R_35-0-0-0-0-1">美容塑形</A> </LI></UL></DIV>
```

以上代码主要使用了<ul>标签构成文字序列，然后使用<a>标签为每一个分类做超链接。

3. 热销商品排行榜代码

```
<DIV id=rightRank>
<H2 class=yahei>热销商品排行榜</H2>
<UL>
 <LI class=on>
  <DIV class=tjshow><B class=one>ico</B> <A href="#" link=_blank data-
prarm="click_channelR1-hot-img-0-a3b5c0fb643f099d"><IMG class=pd_img
alt=qq！ src="images/18goods_1334053028_9657_3.jpg">
  </A>
  <DIV class=ritbox><EM class="one yahei">   </EM><EM
class="two yahei">99</EM><BR><EM class=three>1893</EM>人购买 </DIV>
  <P><A href="#" link=_blank data-prarm="click_channelR1-hot-title-it_index-
a3b5c0fb643f099d">LaKrina春秋被</A></P></DIV></LI>
  <LI class=on>
  <DIV class=tjshow><B class=two>ico</B> <A href="#" link=_blank data-
prarm="click_channelR1-hot-img-1-48456be593e0dcba"><IMG class=pd_img alt=qq
src="images/11goods_1334201980_7392_3.jpg">
  </A>
  <DIV class=ritbox><EM class="one yahei">   </EM><EM class="two
yahei">49</EM><BR><EM class=three>21193</EM>人购买 </DIV>
  <P><A href="#" link=_blank data-prarm="click_channelR1-hot-title-it_index-
48456be593e0dcba">时尚男士拉链钱包</A></P></DIV></LI>
   <LI class=on data="Recommend"><SPAN class=three>瘦身纤体梅</SPAN>
  <DIV class=tjshow><B class=three>ico</B> <A href="#" link=_blank data-
prarm="click_channelR1-hot-img-2-c0f41f265f1ebf80"><IMG class=pd_img alt=qq
src="images/13goods
  _1334123797_4501_3.jpg">
  </A>
  <DIV class=ritbox><EM class="one yahei">   </EM><EM class="two yahei">1</
EM><EM
   class="one yahei">.99</EM><BR><EM class=three>270323</EM>人购买 </
DIV>
  <P><A href="#" link=_blank data-prarm="click_channelR1-hot-title-it_index-
c0f41f265f1ebf80">瘦身纤体梅</A></P></DIV></LI>
   <LI data="Recommend"><SPAN class=four>抛弃型过滤烟嘴</SPAN>
  <DIV class=tjshow><B class=four>ico</B> <A href="#" link=_blank data-
prarm="click_channelR1-hot-img-3-eb81051c35f789bf"><IMG class=pd_img
```

alt=qq！ src="images/12goods_1333255335_3909_3.jpg">

    </A>

        <DIV class=ritbox><EM class="one yahei">   </EM><EM class="two yahei">1</EM><EM class="one yahei">.9</EM>
<EM class=three>39922</EM>人购买 </DIV>

        <P><A href="#" link=_blank data-prarm="click_channelR1-hot-title-it_index-eb81051c35f789bf">抛弃型过滤烟嘴</A></P></DIV></LI>

    <LI data="Recommend"><SPAN class=five>男士单肩斜挎包</SPAN>

    <DIV class=tjshow><B class=five>ico</B>

    <A href="#" link=_blank data-prarm="click_channelR1-hot-img-4-48424ef428f34dd5"><IMG class=pd_img alt=qq src="images/13goods_1333259469_7784_3.jpg">

    </A>

        <DIV class=ritbox><EM class="one yahei">   </EM><EM class="two yahei">78</EM>
<EM class=three>1256</EM>人购买 </DIV>

        <P><A href="images" link=_blank data-prarm="click_channelR1-hot-title-it_index-48424ef428f34dd5">男士单肩斜挎包</A></P></DIV></LI>

    <LI data="Recommend"><SPAN class=six>家纺保健枕</SPAN>

    <DIV class=tjshow><B class=six>ico</B>

    <A href="#" link=_blank data-prarm="click_channelR1-hot-img-5-da9df721d6ff6d82">

    <IMG class=pd_img alt=qq！ src="images/13goods_1333258035_7250_3.jpg">

    </A>

        <DIV class=ritbox><EM class="one yahei">   </EM><EM class="two yahei">36</EM>
<EM class=three>1864</EM>人购买 </DIV>

        <P><A href="#" link=_blank data-prarm="click_channelR1-hot-title-it_index-da9df721d6ff6d82">家纺保健枕</A></P></DIV></LI>

    <LI data="Recommend"><SPAN class=seven>超柔亲肤空调夏被</SPAN>

    <DIV class=tjshow><B class=seven>ico</B>

    <A href="#" link=_blank data-prarm="click_channelR1-hot-img-6-b50c9aebc4ae727a">

    <IMG class=pd_img alt=qq！ src="images/11goods_1333163649_1180_3.jpg">

    </A>

        <DIV class=ritbox><EM class="one yahei">   </EM><EM class="two yahei">59</EM>
<EM class=three>640</EM>人购买 </DIV>

        <P><A href="#" link=_blank data-prarm="click_channelR1-hot-title-it_index-b50c9aeb

    c4ae727a">超柔亲肤空调夏被</A></P></DIV></LI>

    <LI data="Recommend"><SPAN class=eight>环保印花活性四件套</SPAN>

    <DIV class=tjshow><B class=eight>ico</B>

    <A href="#" link=_blank data-prarm="click_channelR1-hot-img-7-91be5abbb374b770">

    <IMG class=pd_img alt=qq！ src="images/18goods_1333017091_3843_3.jpg">

    </A>

        <DIV class=ritbox><EM class="one yahei">   </EM><EM class="two yahei">95</EM>
<EM class=three>6577</EM>人购买 </DIV>

```
<P><A href="#" link=_blank data-prarm="click_channelR1-hot-title-it_index-
91be5abbb374b770">环保印花活性四件套</A></P></DIV></LI>
    <LI data="Recommend"><SPAN class=nine>加厚真空压缩袋套装</SPAN>
    <DIV class=tjshow><B class=nine>ico</B>
    <A href="#" link=_blank data-prarm="click_channelR1-hot-img-8-
2aa082206312b1a7">
    <IMG class=pd_img alt=qq src="images/goods_1335508647_4181_3.jpg">
    </A>
    <DIV class=ritbox><EM class="one yahei">   </EM><EM class="two
yahei">69</EM><BR><EM class=three>5042</EM>人购买 </DIV>
    <P><A href="#" link=_blank data-prarm="click_channelR1-hot-title-it_index-
2aa082206312b1a7">加厚真空压缩袋套装</A></P></DIV></LI>
    <LI data="Recommend"><SPAN class=ten>美佳2件套</SPAN>
    <DIV class=tjshow><B class=ten>ico</B>
    <A href="#" link=_blank data-prarm="click_channelR1-hot-img-9-
e685d369ba834f4a">
    <IMG class=pd_img alt=qq src="images/16goods_1333009457_2889_3.jpg">
    </A>
    <DIV class=ritbox><EM class="one yahei">   </EM><EM class="two
yahei">48</EM><BR><EM class=three>10590</EM>人购买 </DIV>
    <P><A href="#" link=_blank data-prarm="click_channelR1-hot-title-it_index-
e685d369ba834f4a">美佳2件套</A></P></DIV></LI></UL></DIV>
```

4. 热门频道代码

```
<DIV id=channelRirht class=yahei>
<H2 class=hd>热门频道</H2>
<UL>
    <LI><A class=meishi href="#" data-prarm="click_
channelR1"><SPAN><STRONG>美食</STRONG> 中餐/火锅/自助餐<BR>特色餐饮
/蛋糕... </SPAN><EM>美食</EM> </A></LI>
    <LI><A class=yule href="#" data-prarm="click_
channelR2"><SPAN><STRONG>娱乐</STRONG>KTV/游乐游艺/温泉<BR>运动健
身/演出... </SPAN><EM>娱乐</EM> </A></LI>
    <LI><A class=dianying href="#" data-prarm="click_
channelR3"><SPAN><STRONG>电影</STRONG> 低价看大片，精彩<BR>别错过
</SPAN><EM>电影</EM> </A></LI>
    <LI><A class=meirong href="#" data-prarm="click_
channelR4"><SPAN><STRONG>美容保健</STRONG> 美发/足疗按摩/美甲<BR>美
容塑性/养生... </SPAN><EM>美容保健</EM> </A></LI>
    <LI><A class=life href="#" data-prarm="click_channelR5"><SPAN><STRONG>
生活服
    务</STRONG> 摄影写生/母婴亲子<BR>汽车服务/教育... </SPAN><EM>生活
服务</EM> </A></LI>
    <LI><A class=shop href="#" data-prarm="click_
channelR8"><SPAN><STRONG>网购</STRONG> 服装/日用家居/食品<BR>保健/
```

个护化妆... </SPAN><EM>网购</EM> </A></LI></UL></DIV>

以上代码完成了热门频道模块的功能。

```
<DIV style="WIDTH: 222px" id=floatBox>
<DIV id=floatAD></DIV></DIV>
</DIV>
```

16.3.6 热门城市索引

每个城市都有自己的团购内容，为了方便浏览者跨区域访问团购信息，在主体下方设置了一个热门城市索引模块。该模块基本以文字和超链接实现，具体效果如图所示。

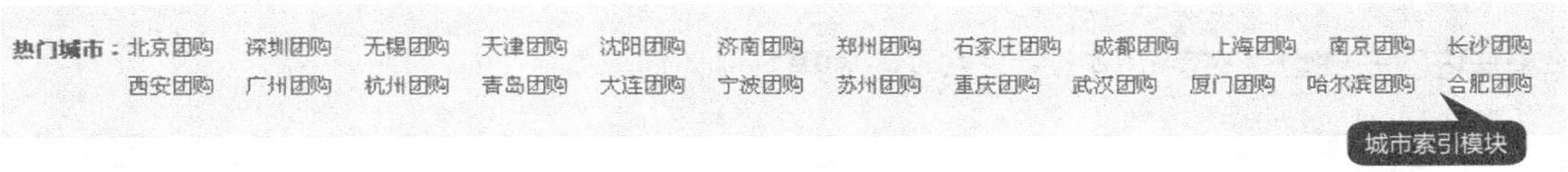

热门城市：北京团购 深圳团购 无锡团购 天津团购 沈阳团购 济南团购 郑州团购 石家庄团购 成都团购 上海团购 南京团购 长沙团购
西安团购 广州团购 杭州团购 青岛团购 大连团购 宁波团购 苏州团购 重庆团购 武汉团购 厦门团购 哈尔滨团购 合肥团购

城市索引模块

该模块结构简单，具体实现代码如下。

```
<DIV class=hot_city>
<DL class=city_dl>
    <DD class="city_dd clearfix"><STRONG class=hot_citystr>热门城市：</STRONG>
    <A class=hot_citya href="#">北京团购</A>
    <A class=hot_citya href="#">深圳团购</A>
    <A class=hot_citya href="#">无锡团购</A>
    <A class=hot_citya href="#">天津团购</A>
    <A class=hot_citya href="#">沈阳团购</A>
    <A class=hot_citya href="#">济南团购</A>
    <A class=hot_citya href="#">郑州团购</A>
    <A class=hot_citya href="#">石家庄团购</A>
    <A class=hot_citya href="#">成都团购</A>
    <A class=hot_citya href="#">上海团购</A>
    <A class=hot_citya href="#">南京团购</A>
    <A class=hot_citya href="#">长沙团购</A>
    <A class=hot_citya href="#">西安团购</A>
    <A class=hot_citya href="#">广州团购</A>
    <A class=hot_citya href="#">杭州团购</A>
    <A class=hot_citya href="#">青岛团购</A>
    <A class=hot_citya href="#">大连团购</A>
    <A class=hot_citya href="#">宁波团购</A>
    <A class=hot_citya href="#">苏州团购</A>
    <A class=hot_citya href="#">重庆团购</A>
    <A class=hot_citya href="#">武汉团购</A>
    <A class=hot_citya href="#">厦门团购</A>
    <A class=hot_citya href="#">哈尔滨团购</A>
    <A class=hot_citya href="#">合肥团购</A>
    </DD></DL></DIV>
```

16.3.7 网页底部

网页底部主要是客户服务和快捷链接模块，用于解决各种客户服务问题。
具体效果如图所示。

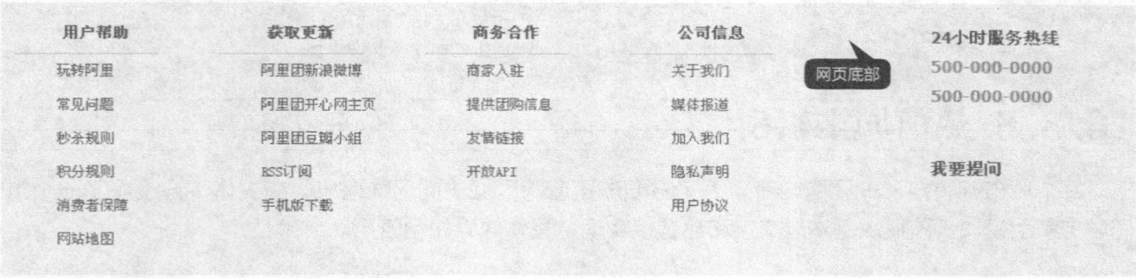

用户帮助	获取更新	商务合作	公司信息	24小时服务热线
玩转阿里	阿里团新浪微博	商家入驻	关于我们	500-000-0000
常见问题	阿里团开心网主页	提供团购信息	媒体报道	500-000-0000
秒杀规则	阿里团豆瓣小组	友情链接	加入我们	
积分规则	RSS订阅	开放API	隐私声明	我要提问
消费者保障	手机版下载		用户协议	
网站地图				

该模块内容主要也是文字和超链接，实现较简单。具体代码如下。

```
<DIV id=footer><B class=top>ico</B>
<DIV class="bottom_box clearfix">
<UL class=boul_list>
 <LI class=li_x>
 <H2 class=yahei>用户帮助</H2></LI>
 <LI><A class=bolist_a href="#">玩转阿里</A></LI>
 <LI><A class=bolist_a href="#">常见问题</A></LI>
 <LI><A class=bolist_a href="#">秒杀规则</A></LI>
 <LI><A class=bolist_a href="#">积分规则</A></LI>
 <LI><A class=bolist_a href="#">消费者保障</A></LI>
 <LI><A class=bolist_a href="#">网站地图</A></LI></UL>
<UL class=boul_list>
 <LI class=li_x>
 <H2 class="h2_1 yahei">获取更新</H2></LI>
 <LI><A class=bolist_a href="#" link=_blank data-prarm="weibo">阿里团新浪微
博</A></LI>
 <LI><A class=bolist_a href="#" link=_blank data-prarm="kaixin">阿里团开心网
主页</A></LI>
 <LI><A class=bolist_a href="#" link=_blank data-prarm="douban">阿里团豆瓣
小组</A></LI>
 <LI><A class=bolist_a href="#" data-prarm="rss">RSS订阅 </A></LI>
 <LI><A class=bolist_a href="#" data-prarm="click_mobile_bottom">手机版下载
</A></LI></UL>
<UL class=boul_list>
 <LI class=li_x>
 <H2 class="h2_2 yahei">商务合作</H2></LI>
 <LI><A class=bolist_a href="#">商家入驻</A></LI>
  <LI><A class=bolist_a href="#">提供团购信息</A></LI>
 <LI><A class=bolist_a href="#">友情链接</A></LI>
```

```
<LI><A class=bolist_a href="#">开放API </A></LI></UL>
<UL class=boul_list>
<LI class=li_x>
<H2 class="h2_3 yahei">公司信息</H2></LI>
<LI><A class=bolist_a href="#">关于我们</A></LI>
<LI><A class=bolist_a href="#">媒体报道</A></LI>
<LI><A class=bolist_a href="#">加入我们</A></LI>
<LI><A class=bolist_a href="#">隐私声明</A></LI>
<LI><A class=bolist_a href="#">用户协议</A></LI></UL>
<DIV class=kefu_bottom><!--<h2 class="yahei"><a href="#"title="阿里团在线客
服">阿里团在线客服</a></h2>
                          <span class="bh wan_x">横线</span>-->
<H2 class="kh2_1 yahei">24小时服务热线</H2>
<H2 class="kh2_2 yahei">500-000-0000</H2>
<H2 class="kh2_2 yahei">500-000-0000</H2><!--<span class="bh wan_x">横
线</span>-->
<A class="bh kfwwweibo" href="#" link=_blank>阿里团客服微博</A>
<H2 class="kh2_3 yahei">
<A href="#" link=_blank>我要提问</A></H2></DIV></DIV></DIV>
```

16.3.8 JavaScript脚本

要想实现网页功能，需要一些javascript脚本的支持。下面就来列举一些本实例中使用到的javascript脚本。

```
<script type="text/javascript">DD_belatedPNG.fix('.xq_qiang,.xq_zhekou,.dh_sptc,.zt_
bg1,#zmshop .bd .zmd_list ul li .hot,#zmshop .bd .menu li a,.con_box .con_left .sp_box .zm_index,.
con_box .con_left .sp_box .tc_index,.con_box .dh_spbox .zm_dh,.con_box .dh_spbox .tc_dh,#cn_
Sortbtm dt span.ico,#bottom_cn .cn_Sort li .top span.ico,.goods_listInd .goods_listIndLi .li_indlogo');
</script>
<SCRIPT type=text/javascript src="js/a.js"></SCRIPT>
<SCRIPT type=text/javascript src="js/b.js"></SCRIPT>
<SCRIPT type=text/javascript src="js/c.js"></SCRIPT>
<SCRIPT type=text/javascript src="js/d.js"></SCRIPT>
<SCRIPT type=text/javascript src="js/e.js"></SCRIPT>
```

小提示

本实例中javascript脚本只是辅助，主要内容还是html主页。有关javascript的内容，读者可以参考其他数据学习。

举一反三

本章介绍了团购商务类网站的制作方法。目前已经存在的团购类网站的风格已经非常丰富，且有很多已经很成熟，读者应该多比较学习，如聚划算、拉手网、美团网等。读者可以模仿拉手网制作一个属于自己的团购网站。

 ## 高手私房菜

技巧1：有时候显示一个三层并列网页，在IE和Firefox中显示效果为什么不同

很多时候，尤其是容器内有平行布局如两三个float的div时，宽度很容易出现问题。在IE中，外层的宽度会被内层更宽的div挤破。此时，一定要用Photoshop或者Firework量取像素级的精度。

技巧2：在IE中，图片和下方父元素产生间隙怎么解决

在IE中，如果父元素直接包含<img>，这个图片下方会和父元素边缘产生间隙。

其解决办法有两个，一是在源代码中让</div>和<img>在同一行，因为那个间隙是由换行符产生的。

二是给<img>添加样式，其代码为：

display:block;